基礎から学ぶ

Terraform
テラフォーム

茅根涼平、土持昌志、
古越勇樹、矢澤学 著

C&R研究所

●本書の内容についてのお問い合わせについて

　この度はC&R研究所の書籍をお買いあげいただきましてありがとうございます。本書の内容に関するお問い合わせは、「書名」「該当するページ番号」「返信先」を必ず明記の上、C&R研究所のホームページ(https://www.c-r.com/)の右上の「お問い合わせ」をクリックし、専用フォームからお送りいただくか、FAXまたは郵送で次の宛先までお送りください。お電話でのお問い合わせや本書の内容とは直接的に関係のない事柄に関するご質問にはお答えできませんので、あらかじめご了承ください。

〒950-3122 新潟県新潟市北区西名目所4083-6　株式会社 C&R研究所　編集部
FAX 025-258-2801
『基礎から学ぶ Terraform』サポート係

本書を手にとっていただきましてありがとうございます。

本書は米HashiCorp社が提供しているインフラ構成管理ツールのTerraformについて基礎を理解することを目的に書きました。構成管理の題材として、パブリッククラウドサービスであるAmazon Web Service（AWS）を主に扱います。また、モニタリングサービスであるDataDogへの適用方法についても扱います。

本書には、Terraformを使ってこれらのサービスの構成管理をするための基本的な内容を盛り込みました。Terraformはコミュニティ・企業によって各種クラウドサービスへの対応がすすんでおり、本書で扱う2サービス以外にも多くのサービスに適用できます。

本書でTerraform × ○○○（providers）のプラクティスを実例とともに理解することで、別のサービスへの導入は簡単にできるようになります。なお、本書ではTerraformが使えるようになることに焦点を当てるため、個別のサービス向けのベストプラクティスについては詳しく触れませんのでご承知おきいただけますと幸いです。

本書の対象読者は、クラウドサービスの操作方法は理解したうえで、サービスの構成管理に興味を持っている方です。たとえば、AWSの知識がある程度あり、これからTerraformでインフラのコード管理をはじめたい人、Terraformの学習方法を準備したいチーム向けであれば本書はぴったりです。

もし、業務／趣味でTerraformの利用歴が長かったり、state設計を再検討したりしているのであれば本書は助けにならず、がっかりするかもしれません。

state設計はこれといった正解は存在しなく多くの人が悩み考えています。まずは、Terraformに慣れるところからはじめ、徐々に高度な機能を取り入れ、運用がしやすいようにリファクタリングするようにしましょう。

公式ドキュメントには当然ですが、さまざまな仕様、説明が記載されています。そこから何をはじめにトレーニングさせたらいいのか考えたとき、必要な知識が1つにまとまっているとうれしいと思いました。

Terraformはオープンソースで何年にもわたって、世界中の何千もの個人や組織によって本番環境で広く展開されアップデートが続いていました。初回リリース以来、合計で1億ダウンロードを超え、メジャーリリースは15回行われています。

　2021年6月にはTerraform 1.0の一般提供が発表されました。主要なユースケースが理解され、成熟していて安定していきていることがわかります。リリース当初よりもクラウドインフラの人気が広がり、DevOpsとクラウドのワークフローに欠かせない存在となったTerraformは今後さらに需要が増えていくでしょう。

　その中で生まれたTerraform Cloudについて本書に取り上げることにしました。内容は入門のような内容になっていますので、Terraform CLIとの違いを体感してみてください。

2021年12月

著者

本書について

対象読者について

本書は、Amazon Web Service（AWS）などのパブリッククラウドの基本知識がある読者を対象にしています。それらの基礎知識については説明を割愛していますので、あらかじめご了承ください。

本書の動作環境

本書は次の環境をもとに執筆しています。その他の環境の場合は、動作が異なる場合がありますので、ご注意ください。

- macOS Big Sur
- Terraform 1.0.11

サンプルコードの中の▼について

本書に記載したサンプルコードは、誌面の都合上、1つのサンプルコードがページをまたがって記載されていることがあります。その場合は▼の記号で、1つのコードであることを表しています。

サンプルファイルのダウンロードについて

本書で紹介しているサンプルデータは、C&R研究所のホームページからダウンロードすることができます。本書のサンプルを入手するには、次のように操作します。

❶ 「https://www.c-r.com/」にアクセスします。

❷ トップページ左上の「商品検索」欄に「324-9」と入力し、[検索]ボタンをクリックします。

❸ 検索結果が表示されるので、本書の書名のリンクをクリックします。

❹ 書籍詳細ページが表示されるので、[サンプルデータダウンロード]ボタンをクリックします。

❺ 下記の「ユーザー名」と「パスワード」を入力し、ダウンロードページにアクセスします。

❻ 「サンプルデータ」のリンク先のファイルをダウンロードし、保存します。

サンプルのダウンロードに必要な
ユーザー名とパスワード

| ユーザー名 | **trfm** |
| パスワード | **8cua6** |

※ユーザー名・パスワードは、半角英数字で入力してください。また、「J」と「j」や「K」と「k」などの大文字と小文字の違いもありますので、よく確認して入力してください。

サンプルファイルの利用方法について

サンプルはZIP形式で圧縮してありますので、解凍（展開）してお使いください。

CONTENTS

6

■CHAPTER 03

Terraformのコマンド

■CHAPTER 04

Terraformの構成要素

CONTENTS

■ CHAPTER 05

Monitoring as A Code(Datadog)

■ CHAPTER 06

Terraform Cloud

■CHAPTER 07

Tips

CHAPTER 01

Terraformの概要

　Terraformは米HashiCorp社が開発したインフラ構成管理ツールです。Terraformを利用することで、さまざまなクラウドサービス、SaaS製品の構成管理を統一された構文でコードとして管理できます。本章ではTerraformの特徴、インフラをコードで管理する「Infrastracture as Code」という考え方を説明します。また、AWSにおけるTerraform以外の構成管理ツール、サービスについても少しだけ紹介します。

Terraformとは

　TerraformはITインフラストラクチャの設定をコードによって構築、変更、管理するための
ツールです。米HashiCorp社が2014年にはじめて公開し、オープンソースとして開発され続
けています。

- Terraform by HashiCorp（公式サイト）
  URL https://www.terraform.io/

● Terraformの公式サイト

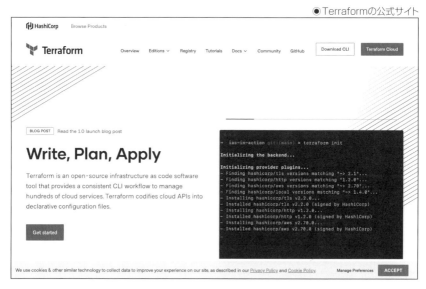

　Terraformを使うことで**Infrastructure as Code(IaC)** のメリットを活かした業務への展開
ができます。本章ではTerraformが生まれた背景と解決する課題などを踏まえてTerraform
の良い所について述べていきます。

▌▌Terraformの特徴

　Terraformを利用すると、どのパブリッククラウドサービス、SaaS製品を使用したとしても、1
つに統一された構文でIaC化することができます。そのため、プラットフォームごとに提供される
学習コストを削減することができ、インフラストラクチャ全体の管理をしやすくなります。さらに、
複数のプロバイダーとサービスを同時に組み合わせて構成できるためデプロイメントがスムー
ズに実行できます。

▶ さまざまなパブリッククラウドに対応

　Terraformであれば、AWS、Google Cloud、Microsoft Azureなどのパブリッククラウド
サービスのインフラをコード管理することができます。

◉さまざまなパブリッククラウドに対応している

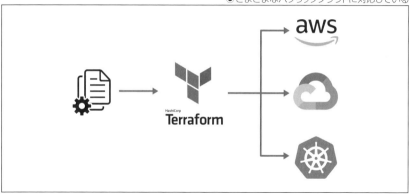

　ただし、共通しているのはコードの構文のみです。パブリッククラウドサービスの構成要素（仮想ネットワーク、仮想サーバー構成、マネージドサービスの設定など）を記述する方法はサービスによって異なります。

　TerraformではDRとしての複数クラウド展開、サーバーマイグレーションといった用途になると必ずしも対応しきれない点があるので注意が必要です。

▶ クロスプラットフォーム

　TerraformはGo言語で開発されており、コードはGitHub上でホストされています（下記URL参照）。

- hashicorp/terraform
  > URL　https://github.com/hashicorp/terraform

　Terraformの公式サイトでは複数のプラットフォームに向けたバイナリが下記のURLで公開されており、WindowsやmacOSはもちろん、Linux、FreeBSD、OpenBSD、Solarisに向けたバイナリをダウンロードすることができます。プラットフォームにあったバイナリをダウンロードし、PATHが通った場所に配置するだけで利用を開始することができます。

- Download Terraform - Terraform by HashiCorp
  > URL　https://www.terraform.io/downloads.html

▶ プラグイン

　Terraformでは**コア**と**プラグイン**という2つの論理コンポーネントで構成されています。コアは構成ファイルの読み取りやリソースの状態管理、RPCでプラグインと通信するといった機能を提供します。

　プラグインはクラウドサービス側とやり取りを行う**Provider**、リソースの作成時や削除時にコマンドやスクリプトを呼び出す**Provisioner**というものがあります。

　Terraformでは実際のクラウドサービス、SaaSとのやり取りをプラグインとしてコアから切り離すことで複数のクラウドサービスに対応します。また、この仕組みがあることでユーザーによるProvider、Provisionerの作成が可能となります。

SECTION-002

Infrastructure as Code(IaC)と Terraform

Terraformにおいて語る上で欠かせない、今や一般的ともいえる**Infrastructure as Code**(以降、**IaC**)という概念があります。

IaCとはコードによって実体のインフラストラクチャを抽象化して管理することです。従来、ITインフラストラクチャは手作業による構築作業をするのが常識でしたが、大手テック企業のパブリッククラウド、特にAWSの台頭と同時にAPIやSDKによってインフラ構築作業を半自動化しようという取り組みが盛んになってきました。

クラウドサービスごとにAPI形式、SDKの形式はさまざまで、IaCを実現するツールはクラウドごとに独自化されたツールを利用する必要がありました。AWSにおいてはCloudFormationによってIaCは実現されていますが、CloudFormationの独自構文とAWSの理解が前提となります。

この文脈において数々のクラウドのインフラストラクチャを包括的にコード化するものとして登場したものがTerraformです。Terraformではインフラストラクチャを**HashiCorp Configuration Language**(以降、**HCL**)というJSONライクな言語で宣言的に定義します。

TerraformはIaCを実現する上での有力なツールであり、利用するクラウドサービスにこだわりがないユーザーに受け入れられています。

■ コード化によるインフラストラクチャの開発ワークフロー展開

インフラストラクチャをコードにすることで、GitのようなVCSでバージョン管理ができます。

▶ インフラストラクチャの変更管理

パブリッククラウドではGUIで構築作業が可能ですが、GUIでは変更履歴の管理が課題となります。GUIでの変更履歴を管理する場合、1つひとつの設定をスクリーンショットに記載したり、パラメータシートで管理したりするようなことが通例として行われています。

人間の作業としてミスはつきものです。変更管理を厳密に行うことも人為的ミスや対応漏れが発生するので、管理は徐々に破綻していき、形骸化していきます。

こういった管理の課題をはコード化とバージョン管理システムを組み合わせることで解決できます。

▶ 差分検出とコードレビュー

Terraformはデプロイ前に現行環境との差分を検出することができます。この**差分検出**を使い、適用前の事前確認をコードレビューという形で行うことができます。

差分を検出し、コードレビューを通じて人間的なチェックを行い、変更作業をより安全に行うことができます。

▶ コード資産の再利用

コードになっていることで**再利用**も容易になります。

たとえば、検証環境でテストした構成を本番環境にデプロイしたり、類似システムの既存コードから一部パラメータのみを調整して再構築するといったことも可能になります。

Terraformのコードからインフラストラクチャをデプロイするプロセスは自動化されているため、同じTerraformのコードがあれば同じ構成のインフラストラクチャが何度でも再現できます。

‖‖ Terraformの宣言的定義

宣言的な定義はIaCにおいて語られる特徴で「あるべき状態をコードで宣言し、宣言した状態へ収束させる」特徴のことです。

たとえば、TerraformでAWSのインスタンスタイプを書き換えたあとにTerraformを適用し直すと、次の処理をTerraformが実際の状態と差分として検出し、差分をもとにTerraformが変更作業を行います。

1 インスタンス停止

2 インスタンスタイプの切り替え

3 インスタンス再スタート

この「宣言した状態へ収束させる」処理はIaCツールや対象となるリソースによって異なる動き方をします。パラメータによっては、サーバー、DBを破壊して作り直すといった危険な処理を行ってしまうことも発生するので、Terraformを適用するときの動き方には細心の注意を払う必要があります。

Terraformでも収束プロセスが破壊的になることはありますが、なるべく事前確認ができる形として安全な作業ができるように設計されています。

Terraformを使えば安全な形でIaCを業務プロセスとして組み込むことが可能です。

AWSにおけるその他のIaCツールについて

AWSでは独自にIaCツールを提供しています。それらのツールについても概要を押さえておきましょう。

▐▐▐ AWS CloudFormation(CFn)

AWS CloudFormation(CFn)はAWSが開発、提供しているサービスです。AWSリソースをJSONまたはYAMLのコードで記述し、プロビジョニングすることができます。記述されたコードはCloudFormationテンプレートと呼ばれます。

AWSから配布されるサンプルのアーキテクチャやソリューションはCloudFormationテンプレートの形で配布されます。

- サンプルテンプレート

  URL https://docs.aws.amazon.com/ja_jp/AWSCloudFormation/
  latest/UserGuide/cfn-sample-templates.html

- AWSソリューション実装

  URL https://aws.amazon.com/jp/solutions/implementations/

本書ではTerraformについて解説していますが、実務ではAWS CloudFormationも合わせて扱えるようにしておきましょう。

▐▐▐ AWS Cloud Development Kit(CDK)

AWS Cloud Development Kit(CDK)は開発者が使い慣れたプログラミング言語を使用してAWSインフラストラクチャを定義できるフレームワークです。

CDKを実行するとコードがCloudFormationテンプレートにコンパイルされ、AWS CloudFormationサービス上でリソースが展開されます。

リソースを抽象化したものがライブラリとして提供されているため、うまく利用すれば少ない記述量でベストプラクティスに沿った構成が実現できます。

言語としてはTypeScript、JavaScript、Python、Java、C#(.NET)をサポートしています。

CHAPTER 02

小さく始める
Terraform
(チュートリアル)

　本章では、チュートリアル形式でTerraformによるAWS環境の構成管理を行います。このチュートリアルでは、AWSでEC2インスタンスを起動するために必要な構成情報をTerraformのコードとして記述し、実際に起動してみます。また、作成した環境の変更、削除作業も行います。実際にTerraformを操作してインフラ構成管理の流れを体感することで、CHAPTER 03以降の解説の理解の助けにもなります。ぜひ手を動かしてみましょう。

AWS環境の準備

　TerraformでAWSを構築できるように準備します。AWSアカウントを持っていない場合は公式サイトを参考に作成してください。

- AWS アカウント作成の流れ

　URL https://aws.amazon.com/jp/register-flow/

IAMユーザーの作成

　TerraformからAWS環境を操作するためのIAMユーザーを作成します。手順は次のようになります。

❶ AWSマネジメントコンソールにログインし、検索ボックスに「iam」(または「IAM」)と入力して「IAM」をクリックして開きます。

❷ 「ユーザー」をクリックします。

❸ [ユーザーを追加]ボタンをクリックします。

❹ ユーザー名に任意の名前を入力します。ここでは「terraform」としています。[プログラムによるアクセス]をONにし、[次のステップ:アクセス権限]ボタンをクリックします。

❺ 「既存のポリシーを直接アタッチ」を選択します。[AdministratorAccess]をONにし、[次の
　ステップ:タグ]ボタンをクリックします。

❻ [次のステップ:確認]ボタンをクリックします。

❼ [ユーザーの作成]ボタンをクリックします。

❽ [.csvのダウンロード]ボタンをクリックして作成された認証情報をダウンロードします。

Terraformのインストール

Terraformを作業用端末にインストールします。

▌▌ tfenvのインストール

Terraformは活発に開発が進められているため、構築中や運用中にバージョンが上がってしまうことがよくあります。そのため、**tfenv**というバージョンマネージャーを使ってバージョンを切り替えられるようにしておくと便利です。

- tfutils/tfenv
  - **URL** https://github.com/tfutils/tfenv

ここではmacOSでのインストール方法を解説します(Linuxなど他のOSについては151ページを参照してください)。

インストールはHomebrewにて行います。Homebrewはターミナル上で次のコマンドを実行することでインストールできます。

```
$ /bin/bash -c \
    "$(curl -fsSL https://raw.githubusercontent.com/Homebrew/install/master/install.sh)"
```

なお、バージョンによりインストール方法が変更されている場合があるため、正式なインストール方法については下記の公式サイトを確認してください。

- Homebrew
  - **URL** https://brew.sh/

Homebrewがインストールできたら、tfenvを次のコマンドでインストールします。

```
$ brew install tfenv
```

正常にインストールできたか確認するため、次のコマンドでヘルプを見てみます。

```
$ tfenv -help
Usage: tfenv <command> [<options>]

Commands:
   install       Install a specific version of Terraform
   use           Switch a version to use
   uninstall     Uninstall a specific version of Terraform
   list          List all installed versions
   list-remote   List all installable versions
   version-name  Print current version
   init          Update environment to use tfenv correctly.
```

▍Terraformのインストール

tfenvがインストールできたのでTerraformをインストールしていきます。まず、**tfenv list-remote** コマンドでインストールできるTerraformバージョンを確認します。

```
$ tfenv list-remote
1.1.0-beta2
1.1.0-beta1
1.0.11
1.0.10
1.0.9
```

最新の安定バージョンをインストールする場合は **latest** を指定してインストールします。

```
$ tfenv install latest
Installing Terraform v1.0.11
Downloading release tarball from https://releases.hashicorp.com/terraform/1.0.11/
terraform_1.0.11_darwin_amd64.zip
###################################################################### 100.0%
Downloading SHA hash file from https://releases.hashicorp.com/terraform/1.0.11/
terraform_1.0.11_SHA256SUMS
No keybase install found, skipping OpenPGP signature verification
Archive:  tfenv_download.YD0wjZ/terraform_1.0.11_darwin_amd64.zip
  inflating: /usr/local/Cellar/tfenv/2.2.2/versions/1.0.11/terraform
Installation of terraform v1.0.11 successful. To make this your default version, run
'tfenv use 1.0.11'
```

本書の執筆時点の最新版であるバージョン1.0.11がインストールされました。

tfenv use コマンドでデフォルトで利用するバージョンとして指定します。

```
$ tfenv use 1.0.11
Switching default version to v1.0.11
Switching completed
```

tfenv list コマンドでインストール済みのTerraformのバージョンを確認します。

```
$ tfenv list
* 1.0.11 (set by /usr/local/Cellar/tfenv/2.2.2/version)
```

Terraformでもバージョンを確認します。バージョン1.0.11が利用できるようになっていることが確認できます。

```
$ terraform version
Terraform v1.0.11
on darwin_amd64
```

▌▌▌ tfenvによるバージョンの切り替え

続いてtfenvによるバージョン切り替えのテストのため、別のバージョンをインストールしてみます。

```
$ tfenv install 1.0.10
$ tfenv install 1.0.9
```

tfenv use コマンドで利用するバージョンを切り替えます。

```
$ tfenv use 1.0.9
Switching default version to v1.0.9
Switching completed

$ tfenv list
  1.0.11
  1.0.10
* 1.0.9 (set by /usr/local/Cellar/tfenv/2.2.2/version)
```

Terraformコマンドでも現在有効なバージョンの確認を行います。古いバージョンに切り替えたので、最新バージョンではないという警告が表示されるようになりました。

```
$ terraform version
Terraform v1.0.9
on darwin_amd64

Your version of Terraform is out of date! The latest version
is 1.0.11. You can update by downloading from https://www.terraform.io/downloads.html
```

複数バージョンの切り替えが確認できたので最新バージョンに戻しておきます。

```
$ tfenv use 1.0.11
Switching default version to v1.0.11
Switching completed

$ tfenv list
* 1.0.11 (set by /usr/local/Cellar/tfenv/2.2.2/version)
  1.0.10
  1.0.9

$ terraform version
Terraform v1.0.11
on darwin_amd64
```

なお、tfenvについてはCHAPTER 07で詳しく説明しているので、そちらも参照してください。

認証情報の設定

Terraformで利用する認証情報を作成します。

▌ AWS CLIのインストール

AWS CLIをまだインストールしていない場合、次のコマンドでインストールします。

```
$ brew install awscli
$ aws --version
aws-cli/2.4.0 Python/3.9.8 Darwin/21.1.0 source/arm64 prompt/off
```

▌ プロファイルの作成

aws configure コマンドでTerraformで使用するプロファイルを作成します。アクセスキーID、シークレットアクセスキーは先ほど作成したIAMユーザー terraform のものを入力します（ダウンロードしたCSVファイルに記載されています）。リージョンは東京リージョン ap-northeast-1 としています。

```
$ aws configure --profile terraform
AWS Access Key ID [None]: ********************
AWS Secret Access Key [None]: ****************************************
Default region name [None]: ap-northeast-1
Default output format [None]:
```

プロファイルが正しく作成されたことを確認します。

```
$ cat ~/.aws/credentials
[terraform]
aws_access_key_id = ********************
aws_secret_access_key = ****************************************
```

Terraformによる環境構築

最小限の構成として、東京リージョンでEC2インスタンスを1台立ち上げます。

▌作業用ディレクトリの作成

作業用ディレクトリを作成し、その中に移動します。

```
$ mkdir terraform
$ cd terraform
```

▌構成ファイルの作成

Terraformの構成ファイルは拡張子 **.tf** となります。**terraform.tf** ファイルを作成し、Terraform自体の情報を記述します。

SAMPLE CODE terraform.tf

```
terraform {
  required_providers {
    aws = {
      source  = "hashicorp/aws"
      version = "~> 3.0"
    }
  }


  required_version = ">= 1.0.0"
}
```

provider.tf を作成し、AWS Providerの情報を記述します。

SAMPLE CODE provider.tf

```
provider "aws" {
  region  = "ap-northeast-1"
  profile = "terraform"

  default_tags {
    tags = {
      Managed = "terraform"
    }
  }
}
```

region でリソースを作成するリージョンを指定します。

profile でTerraformから利用するAWSプロファイル名を指定します。先ほど作成したプロファイル名 **terraform** を記述します。

default_tags はTerraformで作成・管理するAWSリソースすべてにタグを付与する設定です。ここでは Managed = "terraform" と設定し、Terraformで作成・管理されたリソースであることがわかるようにしています。

EC2インスタンスの情報を記述するため、ec2.tf を作成します。

SAMPLE CODE ec2.tf

```
resource "aws_instance" "demo" {
  ami           = "ami-0404778e217f54308"
  instance_type = "t3.micro"

  tags = {
    Name = "tf_demo"
  }
}
```

ami 、instance_type は作成したいインスタンスのAMI、インスタンスタイプを指定します。最低これだけ指定しておけばデフォルトVPCやデフォルトセキュリティグループでEC2インスタンスを作成することができます。ここではAMIはAmazon Linux2、インスタンスタイプはT3 microを指定しました。

tags では作成したリソースが判別しやすいように Name = "tf_demo" を指定しました。

||| コードの整形

構成ファイルが作成できたら、terraform fmt を実行します。これは組み込みのフォーマッターで、実行することでコードを整形してくれます。

たとえば、先ほどの ec2.tf の行頭のインデントを削除してみます。

```
$ cat ec2.tf
resource "aws_instance" "demo" {
ami = "ami-0404778e217f54308"
instance_type = "t3.micro"

tags = {
Name = "tf_demo"
}
}
```

これをフォーマッターにかけると、次のように整形してくれます。

```
$ terraform fmt
ec2.tf

$ cat ec2.tf
resource "aws_instance" "demo" {
  ami           = "ami-0404778e217f54308"
  instance_type = "t3.micro"
  tags = {
    Name = "tf_demo"
  }
}
```

ここまでの作業でファイルは次のようになっています。

```
terraform
├── ec2.tf
├── provider.tf
└── terraform.tf
```

■■■ リソースの作成

ここからは作成した構成ファイルからTerraformでリソースを作成してみます。

`init` コマンドで初期化します。初期化処理の中でAWS Providerがダウンロードされます。

```
$ terraform init

Initializing the backend...

Initializing provider plugins...
- Finding hashicorp/aws versions matching "~> 3.0"...
- Installing hashicorp/aws v3.66.0...
- Installed hashicorp/aws v3.66.0 (signed by HashiCorp)

Terraform has created a lock file .terraform.lock.hcl to record the provider
selections it made above. Include this file in your version control repository
so that Terraform can guarantee to make the same selections by default when
you run "terraform init" in the future.

Terraform has been successfully initialized!

You may now begin working with Terraform. Try running "terraform plan" to see
any changes that are required for your infrastructure. All Terraform commands
should now work.

If you ever set or change modules or backend configuration for Terraform,
rerun this command to reinitialize your working directory. If you forget, other
commands will detect it and remind you to do so if necessary.
```

　terraform plan を実行し、実行計画を確認します。

　plan はいわゆるドライランに相当するもので、構成ファイルと実リソースの差分から環境にどのような影響を与えるのかを調べることができます。チェックするのみで実環境に影響を与えないため安全に実行することができます。

```
$ terraform plan

Terraform used the selected providers to generate the following execution plan.
Resource actions are indicated with the following symbols:
+ create

Terraform will perform the following actions:

# aws_instance.demo will be created
+ resource "aws_instance" "demo" {
    + ami                                  = "ami-0404778e217f54308"
    + arn                                  = (known after apply)
    + associate_public_ip_address          = (known after apply)
    + availability_zone                    = (known after apply)
    + cpu_core_count                       = (known after apply)
    + cpu_threads_per_core                 = (known after apply)
    + disable_api_termination              = (known after apply)
    + ebs_optimized                        = (known after apply)
    + get_password_data                    = false
    + host_id                              = (known after apply)
    + id                                   = (known after apply)
    + instance_initiated_shutdown_behavior = (known after apply)
    + instance_state                       = (known after apply)
    + instance_type                        = "t3.micro"
    + ipv6_address_count                   = (known after apply)
    + ipv6_addresses                       = (known after apply)
    + key_name                             = (known after apply)
    + monitoring                           = (known after apply)
    + outpost_arn                          = (known after apply)
    + password_data                        = (known after apply)
    + placement_group                      = (known after apply)
    + placement_partition_number           = (known after apply)
    + primary_network_interface_id         = (known after apply)
    + private_dns                          = (known after apply)
    + private_ip                           = (known after apply)
    + public_dns                           = (known after apply)
    + public_ip                            = (known after apply)
    + secondary_private_ips                = (known after apply)
    + security_groups                      = (known after apply)
    + source_dest_check                    = true
    + subnet_id                            = (known after apply)
```

```
    + tags                          = {
        + "Name" = "tf_demo"
          }
    + tags_all                       = {
        + "Managed" = "terraform"
        + "Name"    = "tf_demo"
          }
    + tenancy                         = (known after apply)
    + user_data                       = (known after apply)
    + user_data_base64                = (known after apply)
    + vpc_security_group_ids          = (known after apply)

    + capacity_reservation_specification {
        + capacity_reservation_preference = (known after apply)

        + capacity_reservation_target {
            + capacity_reservation_id = (known after apply)
              }
              }

    + ebs_block_device {
        + delete_on_termination = (known after apply)
        + device_name           = (known after apply)
        + encrypted             = (known after apply)
        + iops                  = (known after apply)
        + kms_key_id            = (known after apply)
        + snapshot_id           = (known after apply)
        + tags                  = (known after apply)
        + throughput            = (known after apply)
        + volume_id             = (known after apply)
        + volume_size           = (known after apply)
        + volume_type           = (known after apply)
          }

    + enclave_options {
        + enabled = (known after apply)
          }

    + ephemeral_block_device {
        + device_name  = (known after apply)
        + no_device    = (known after apply)
        + virtual_name = (known after apply)
          }

    + metadata_options {
        + http_endpoint                = (known after apply)
        + http_put_response_hop_limit = (known after apply)
```

```
        + http_tokens                    = (known after apply)
        }

    + network_interface {
        + delete_on_termination = (known after apply)
        + device_index          = (known after apply)
        + network_interface_id   = (known after apply)
        }

    + root_block_device {
        + delete_on_termination = (known after apply)
        + device_name           = (known after apply)
        + encrypted             = (known after apply)
        + iops                  = (known after apply)
        + kms_key_id            = (known after apply)
        + tags                  = (known after apply)
        + throughput            = (known after apply)
        + volume_id             = (known after apply)
        + volume_size           = (known after apply)
        + volume_type           = (known after apply)
        }
        }

Plan: 1 to add, 0 to change, 0 to destroy.

_____
_____
_____
_____

—

Note: You didn't use the -out option to save this plan, so Terraform can't guarantee to
take exactly these actions if you run "terraform apply" now.
```

実行計画でEC2インスタンスが1インスタンス作成されることがわかります。明示的に指定していないパラメータは自動で設定されるため、ほとんどは現時点ではわかりません。

想定外の実行計画やエラーが表示されるようであればここで修正します。

想定通りの状態になっていれば terraform apply を実行します。apply は plan の内容を環境に反映します。実リソースに影響を与えるため、実行前に確認のダイアログが表示されます。

```
$ terraform apply

Terraform used the selected providers to generate the following execution plan.
Resource actions are indicated with the following symbols:
```

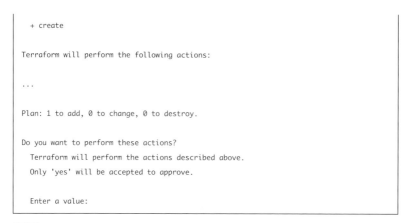

```
   + create

Terraform will perform the following actions:

...

Plan: 1 to add, 0 to change, 0 to destroy.

Do you want to perform these actions?
  Terraform will perform the actions described above.
  Only 'yes' will be accepted to approve.

  Enter a value:
```

yes と入力してリソースを作成します。

```
  Enter a value: yes

aws_instance.demo: Creating...
aws_instance.demo: Still creating... [10s elapsed]
aws_instance.demo: Creation complete after 15s [id=i-0bab5a34477dfef70]

Apply complete! Resources: 1 added, 0 changed, 0 destroyed.
```

これでリソースが作成されました。

▓ 作成したインスタンスの確認

AWSコンソールでEC2インスタンスが作成されたか確認します。

Nameタグ **tf_demo** が設定されたEC2インスタンスが作成されていることが確認できました。

terraform show コマンドでも作成したインスタンスの情報を確認することができます。

```
$ terraform show
# aws_instance.demo:
resource "aws_instance" "demo" {
    ami                                  = "ami-0404778e217f54308"
    arn                                  = "arn:aws:ec2:ap-northeast-
1:232680552958:instance/i-0bab5a34477dfef70"
    associate_public_ip_address          = true
    availability_zone                    = "ap-northeast-1a"
    cpu_core_count                       = 1
    cpu_threads_per_core                 = 2
    disable_api_termination              = false
    ebs_optimized                        = false
    get_password_data                    = false
    hibernation                          = false
    id                                   = "i-0bab5a34477dfef70"
    instance_initiated_shutdown_behavior = "stop"
    instance_state                       = "running"
    instance_type                        = "t3.micro"
    ipv6_address_count                   = 0
    ipv6_addresses                       = []
    monitoring                           = false
    primary_network_interface_id         = "eni-0e2418e336c4f4c1f"
    private_dns                          = "ip-172-31-14-142.ap-northeast-1.compute.
internal"
    private_ip                           = "172.31.14.142"
    public_dns                           = "ec2-54-199-222-11.ap-northeast-1.compute.
amazonaws.com"
    public_ip                            = "54.199.222.11"
    secondary_private_ips                = []
    security_groups                      = [
        "default",
    ]
    source_dest_check                    = true
    subnet_id                            = "subnet-bb372fcf"
    tags                                 = {
        "Name" = "tf_demo"
    }
    tags_all                             = {
        "Managed" = "terraform"
        "Name"    = "tf_demo"
    }
    tenancy                              = "default"
    vpc_security_group_ids               = [
```

```
        "sg-481fe92d",
    ]

    capacity_reservation_specification {
        capacity_reservation_preference = "open"
    }

    credit_specification {
        cpu_credits = "unlimited"
    }

    enclave_options {
        enabled = false
    }

    metadata_options {
        http_endpoint               = "enabled"
        http_put_response_hop_limit = 1
        http_tokens                 = "optional"
    }

    root_block_device {
        delete_on_termination = true
        device_name           = "/dev/xvda"
        encrypted             = false
        iops                  = 100
        tags                  = {}
        throughput            = 0
        volume_id             = "vol-02adc235a3bc268fb"
        volume_size           = 8
        volume_type           = "gp2"
    }
}
```

plan の段階で (known after apply) となっていたパラメータも確認できるようになりました。

▌▌▌環境の削除

リソースの確認ができたら、AWS利用料が発生しているので、いったん環境を削除します。

`terraform plan -destroy` コマンドを実行し、削除されるリソースを確認します。

```
$ terraform plan -destroy
aws_instance.demo: Refreshing state... [id=i-0bab5a34477dfef70]

Terraform used the selected providers to generate the following execution plan.
Resource actions are indicated with the following symbols:
  - destroy

Terraform will perform the following actions:

  # aws_instance.demo will be destroyed
  - resource "aws_instance" "demo" {
      - ami                                  = "ami-0404778e217f54308" -> null
      - arn                                  = "arn:aws:ec2:ap-northeast-
1:232680552958:instance/i-0bab5a34477dfef70" -> null
      - associate_public_ip_address          = true -> null
      - availability_zone                    = "ap-northeast-1a" -> null
      - cpu_core_count                       = 1 -> null
      - cpu_threads_per_core                 = 2 -> null
      - disable_api_termination              = false -> null
      - ebs_optimized                        = false -> null
      - get_password_data                    = false -> null
      - hibernation                          = false -> null
      - id                                   = "i-0bab5a34477dfef70" -> null
      - instance_initiated_shutdown_behavior = "stop" -> null
      - instance_state                       = "running" -> null
      - instance_type                        = "t3.micro" -> null
      - ipv6_address_count                   = 0 -> null
      - ipv6_addresses                       = [] -> null
      - monitoring                           = false -> null
      - primary_network_interface_id         = "eni-0e2418e336c4f4c1f" -> null
      - private_dns                          = "ip-172-31-14-142.ap-northeast-1.
compute.internal" -> null
      - private_ip                           = "172.31.14.142" -> null
      - public_dns                           = "ec2-54-199-222-11.ap-northeast-1.
compute.amazonaws.com" -> null
      - public_ip                            = "54.199.222.11" -> null
      - secondary_private_ips                = [] -> null
      - security_groups                      = [
          - "default",
        ] -> null
      - source_dest_check                    = true -> null
      - subnet_id                            = "subnet-bb372fcf" -> null
```

```
  - tags                              = {
      - "Name" = "tf_demo"
    } -> null
  - tags_all                          = {
      - "Managed" = "terraform"
      - "Name"    = "tf_demo"
    } -> null
  - tenancy                           = "default" -> null
  - vpc_security_group_ids            = [
      - "sg-481fe92d",
    ] -> null

  - capacity_reservation_specification {
      - capacity_reservation_preference = "open" -> null
    }

  - credit_specification {
      - cpu_credits = "unlimited" -> null
    }

  - enclave_options {
      - enabled = false -> null
    }

  - metadata_options {
      - http_endpoint               = "enabled" -> null
      - http_put_response_hop_limit = 1 -> null
      - http_tokens                 = "optional" -> null
    }

  - root_block_device {
      - delete_on_termination = true -> null
      - device_name           = "/dev/xvda" -> null
      - encrypted             = false -> null
      - iops                  = 100 -> null
      - tags                  = {} -> null
      - throughput            = 0 -> null
      - volume_id             = "vol-02adc235a3bc268fb" -> null
      - volume_size           = 8 -> null
      - volume_type           = "gp2" -> null
    }
  }

Plan: 0 to add, 0 to change, 1 to destroy.
```

```
Note: You didn't use the -out option to save this plan, so Terraform can't guarantee to
take exactly these actions if you run "terraform apply" now.
```

問題なければ terraform destroy を実行してリソースを削除します。なお、destroy は
非常に強力なコマンドで、**Terraform管理下にあるリソースをすべて削除**します。意図しない
環境で実行しないように十分注意してください。

```
$ terraform destroy
aws_instance.demo: Refreshing state... [id=i-0bab5a34477dfef70]

Terraform used the selected providers to generate the following execution plan. Resource
actions are indicated with the following symbols:
  - destroy

Terraform will perform the following actions:

...

Plan: 0 to add, 0 to change, 1 to destroy.

Do you really want to destroy all resources?
  Terraform will destroy all your managed infrastructure, as shown above.
  There is no undo. Only 'yes' will be accepted to confirm.

  Enter a value:
```

yes と入力します。

```
  Enter a value: yes

aws_instance.demo: Destroying... [id=i-0bab5a34477dfef70]
aws_instance.demo: Still destroying... [id=i-0bab5a34477dfef70, 10s elapsed]
aws_instance.demo: Still destroying... [id=i-0bab5a34477dfef70, 20s elapsed]
aws_instance.demo: Still destroying... [id=i-0bab5a34477dfef70, 30s elapsed]
aws_instance.demo: Still destroying... [id=i-0bab5a34477dfef70, 40s elapsed]
aws_instance.demo: Destruction complete after 42s

Apply complete! Resources: 0 added, 0 changed, 1 destroyed.
```

今回は1インスタンスですが、**destroy** の結果すべてのリソースが削除されました。
AWSコンソールでもEC2インスタンスが削除されたことが確認できます。

インスタンスの設定

インスタンスを起動することができましたが、特に設定していないため何もすることができません。

IAM Roleを設定して、AWS Systems Manager Session Manager（以降、Session Manager）から操作ができるようにしてみます。

`iam.tf` を作成し、IAM Roleに必要な定義を記述していきます。

SAMPLE CODE iam.tf

```
data "aws_iam_policy_document" "instance-assume-role-policy" {
  statement {
    actions = ["sts:AssumeRole"]

    principals {
      type       = "Service"
      identifiers = ["ec2.amazonaws.com"]
    }
  }
}
```

これは**信頼ポリシー**と呼ばれるもので、IAM Roleが何からのアクセスを引き受けるか（アカウントやユーザー、ロールなど）を定義します。このIAM RoleはEC2インスタンスに紐付けるため、EC2サービスからのアクセス許可を定義しています。

また、ここでは `data` を使っています。これまでは `resource` を使ってAWSリソースを定義し、作成や削除を行いました。`data` は参照専用でリソースの作成や削除は行わず、外部リソースの情報を取得してTerraform上で利用することができます。

次にIAM Roleを定義します。

SAMPLE CODE iam.tf

```
resource "aws_iam_role" "demo" {
  name              = "demo_role"
  assume_role_policy = data.aws_iam_policy_document.instance-assume-role-policy.json
}
```

`assume_role_policy` の行で、定義した信頼ポリシーの情報を参照しています。

`data` を使わない場合はヒアドキュメント(`<<xxx ... xxx` の記法で囲われた範囲。文字列をコード内に埋め込む記法)で次のように定義することができますが、`data` を活用することで見通しやすい定義になっていることがわかります。

```
resource "aws_iam_role" "demo" {
  name              = "demo_role"
  assume_role_policy = <<EOF
{
  "Version": "2012-10-17",
  "Statement": [
    {
      "Action": "sts:AssumeRole",
      "Principal": {
        "Service": "ec2.amazonaws.com"
      },
      "Effect": "Allow",
      "Sid": ""
    }
  ]
}
EOF
}
```

続いてIAM Policyを定義します。

AWSの事前定義済みポリシーである `AmazonSSMManagedInstanceCore` を `data` を使って参照し、ARNを取得、Roleに紐付けます。

SAMPLE CODE iam.tf

```
data "aws_iam_policy" "ssm_core" {
  name = "AmazonSSMManagedInstanceCore"
}

resource "aws_iam_role_policy_attachment" "demo" {
  role       = aws_iam_role.demo.name
  policy_arn = data.aws_iam_policy.ssm_core.arn
}
```

　既存のリソースを参照する場合、**data** を経由することでそのリソースの存在チェックができます。直接、Policy ARNを指定する場合は間違った記述でも **apply** するまでエラーになりません。

```
# ARN末尾にCoreがなく実在しないリソースを指定している
resource "aws_iam_role_policy_attachment" "demo" {
  role       = aws_iam_role.demo.name
  policy_arn = "arn:aws:iam::aws:policy/AmazonSSMManagedInstance"
}
```

```
# planは正常終了する。
$ terraform plan

Terraform will perform the following actions:

# aws_iam_role_policy_attachment.demo will be created
+ resource "aws_iam_role_policy_attachment" "demo" {
+ id         = (known after apply)
+ policy_arn = "arn:aws:iam::aws:policy/AmazonSSMManagedInstance"
+ role       = "demo_role"
}

Plan: 1 to add, 0 to change, 0 to destroy.
```

```
# applyで初めてエラーがわかる
$ terraform apply


 | Error: Error attaching policy arn:aws:iam::aws:policy/AmazonSSMManagedInstance to IAM
Role demo_role: NoSuchEntity: Policy arn:aws:iam::aws:policy/AmazonSSMManagedInstance
does not exist or is not attachable.
 |       status code: 404, request id: b78a3629-eff0-4d7a-aa2f-48dcb15ccff4
 |
 |   with aws_iam_role_policy_attachment.demo,
 |   on iam.tf line 21, in resource "aws_iam_role_policy_attachment" "demo":
 |   21: resource "aws_iam_role_policy_attachment" "demo" {
 |
```

data で同様の間違いをしていた場合は plan の段階でエラーになります。

```
data "aws_iam_policy" "ssm_core" {
  # AWSアカウントに存在しないポリシー名に変更する
  name = "AmazonSSMManagedInstance"
}

resource "aws_iam_role_policy_attachment" "demo" {
  role       = aws_iam_role.demo.name
  policy_arn = data.aws_iam_policy.ssm_core.arn
}
```

```
# planの段階で参照先のリソースがないとエラーが出る
$ terraform plan


| Error: no IAM policy found matching criteria (Name: AmazonSSMManagedInstance); try
different search
|
|   with data.aws_iam_policy.ssm_core,
|   on iam.tf line 17, in data "aws_iam_policy" "ssm_core":
|   17: data "aws_iam_policy" "ssm_core" {
|
```

次にインスタンスプロファイルを定義します。**インスタンスプロファイル**はIAM RoleとEC2インスタンスを紐付けるコネクタのような役割を持ちます。

SAMPLE CODE iam.tf

```
resource "aws_iam_instance_profile" "demo" {
  name = "demo_role"
  role = aws_iam_role.demo.name
}
```

ec2.tf でインスタンスプロファイルを使用するように定義を編集します。

SAMPLE CODE ec2.tf

```
resource "aws_instance" "demo" {
  ami           = "ami-0404778e217f54308"
  instance_type = "t3.micro"

  # この行を追加
  iam_instance_profile = aws_iam_instance_profile.demo.name

  tags = {
    Name = "tf_demo"
  }
}
```

▌インスタンスの再作成

`plan` 、`apply` を実行し、リソースを作成します。

```
$ terraform plan
$ terraform apply
```

`destroy` でいったん削除したEC2インスタンスが再作成されました。

動作確認のため、Session Managerのコンソールを開きます。正しく設定できている場合はターゲットインスタンスに作成したインスタンスが表示され、セッションを開始することができます。

これでインスタンスのメンテナンス作業が行えるようになりました。

▐ Webサーバーの起動

Webサーバーとして機能するようにEC2を設定します。Session ManagerからApacheをインストールして起動します。

```
$ sudo yum install -y httpd
$ sudo systemctl start httpd
```

▐ Security Groupの作成

Webサーバーを起動しましたが、ポートを解放していないためアクセスすることができません。外部からWebサーバーにアクセスできるようにするため、Security Groupを作成します。

Security Groupの定義方法には、Security Group自体を定義する `aws_security_group` とSecurity Groupのルールを定義する `aws_security_group_rule` を組み合わせる方法と、`aws_security_group` にインラインでルールも含めて定義する方法があります。

ルールを個別に定義する方法とインラインで定義する方法を併用するとお互いにルールを上書きしようとしてしまいます。プロジェクトの開始時にどちらを使用するのかを決定しておくとよいでしょう。

ここでは個別に定義する方法で進めます。

`securitygroup.tf` を作成し、Security Groupを定義します。

SAMPLE CODE securitygroup.tf

```
resource "aws_security_group" "demo" {
  name = "tf_demo"

  tags = {
    Name = "tf_demo"
  }
}
```

インバウンドルールとアウトバウンドルールを定義します。

SAMPLE CODE securitygroup.tf

```
# インバウンドルール
resource "aws_security_group_rule" "ingress_http" {
  type              = "ingress"
  from_port         = 80
  to_port           = 80
  protocol          = "tcp"
  cidr_blocks       = ["0.0.0.0/0"]
  security_group_id = aws_security_group.demo.id
}

# アウトバウンドルール
```

▼

```
resource "aws_security_group_rule" "egress_all" {
  type            = "egress"
  from_port       = 0
  to_port         = 0
  protocol        = "all"
  cidr_blocks     = ["0.0.0.0/0"]
  security_group_id = aws_security_group.demo.id
}
```

インバウンドルール **type = "ingress"** ではWebアクセスを受け入れるため、TCP80番ポートを解放しています。アウトバウンドルール **type = "egress"** では外部アクセスをすべて許可しています。

それぞれの **security_group_id** には作成したSecurity GroupのリソースIDを指定し、関連付けます。

これでSecurity Groupの準備ができました。 **plan** 、**apply** を実行し、Security Groupを作成します。

```
$ terraform plan
Plan: 3 to add, 0 to change, 0 to destroy.

$ terraform apply
Apply complete! Resources: 3 added, 0 changed, 0 destroyed.
```

▐ Security Groupの紐付け

Security GroupをEC2インスタンスに紐付けるため、**ec2.tf** を編集します。

SAMPLE CODE ec2.tf

```
resource "aws_instance" "demo" {
  ami             = "ami-0404778e217f54308"
  instance_type   = "t3.micro"

  iam_instance_profile = aws_iam_instance_profile.demo.name

  # このブロックを追加
  vpc_security_group_ids = [
    aws_security_group.demo.id
  ]

  tags = {
    Name = "tf_demo"
  }
}
```

plan を実行し、どのような影響があるのか確認します。

```
$ terraform plan

Terraform used the selected providers to generate the following execution plan. Resource
actions are indicated with the following symbols:
  ~ update in-place

Terraform will perform the following actions:

  # aws_instance.demo will be updated in-place
  ~ resource "aws_instance" "demo" {
        id                          = "i-0ce78612c64c39551"
        tags                        = {
            "Name" = "tf_demo"
        }
      ~ vpc_security_group_ids      = [
          + "sg-021fe8c3b3ba903e9",
          - "sg-481fe92d",
        ]
        # (28 unchanged attributes hidden)

        # (5 unchanged blocks hidden)
    }

Plan: 0 to add, 1 to change, 0 to destroy.
```

もともとEC2にSecurity Groupの定義がなかったためデフォルトSecurity Groupが紐付いていましたが、新しく作成したSecurity Groupを使用するように定義したためchangeが出力されました。

これはリソースの再作成を伴わない変更の場合で、変更箇所は ~ で表示されます。

apply で反映します。

```
$ terraform apply

...

Apply complete! Resources: 0 added, 1 changed, 0 destroyed.
```

インスタンスのパブリックIPにアクセスし、Apacheのテストページが表示されることを確認します。

Test Page

This page is used to test the proper operation of the Apache HTTP server after it has been installed. If you can read this page, it means that the Apache HTTP server installed at this site is working properly.

If you are a member of the general public:

The fact that you are seeing this page indicates that the website you just visited is either experiencing problems, or is undergoing routine maintenance.

If you would like to let the administrators of this website know that you've seen this page instead of the page you expected, you should send them e-mail. In general, mail sent to the name "webmaster" and directed to the website's domain should reach the appropriate person.

For example, if you experienced problems while visiting www.example.com, you should send e-mail to "webmaster@example.com".

If you are the website administrator:

You may now add content to the directory /var/www/html/. Note that until you do so, people visiting your website will see this page, and not your content. To prevent this page from ever being used, follow the instructions in the file /etc/httpd/conf.d/welcome.conf.

You are free to use the image below on web sites powered by the Apache HTTP Server:

▐▐▐ リソースの再作成を伴う変更

　リソースの再作成を伴わない変更の動作を確認したので、次はリソースの再作成を伴う動作を確認します。

　userdata ディレクトリを作成し、Webサーバーを起動するスクリプトを配置します。

```
$ mkdir userdata
$ cat <<EOF > userdata/demo.sh
#!/bin/bash
yum install -y httpd
systemctl start httpd
EOF
```

　ec2.tf を編集し、作成したスクリプトをUserDataとして使用するよう定義します。Terraformの **file** 関数でスクリプトを渡すことができます。

SAMPLE CODE ec2.tf

```
resource "aws_instance" "demo" {
  ami           = "ami-0404778e217f54308"
  instance_type = "t3.micro"

  iam_instance_profile = aws_iam_instance_profile.demo.name

  vpc_security_group_ids = [
    aws_security_group.demo.id
  ]

  # この行を追加
  user_data = file("./userdata/demo.sh")

  tags = {
    Name = "tf_demo"
  }
}
```

plan を実行して確認します。

```
$ terraform plan

...

Terraform used the selected providers to generate the following execution plan. Resource
actions are indicated with the following symbols:
-/+ destroy and then create replacement

Terraform will perform the following actions:

  # aws_instance.demo must be replaced
-/+ resource "aws_instance" "demo" {

...

    + user_data                            = "1a2422e5f8dcf7673051fc760d5a9cbc1709cc
3d" # forces replacement

...

Plan: 1 to add, 0 to change, 1 to destroy.
```

メッセージからインスタンスが再作成されることがわかります。

今回、定義したUserDataはインスタンスの起動時にのみ適用できるパラメータのため、Terraformはリソースを再作成し適用しようとします。本番環境を実行しているシステムの場合、再作成されて問題ないのか、よく確認してから実行しましょう。

apply を実行し適用します。

```
$ terraform apply

...

aws_instance.demo: Destroying... [id=i-0ce78612c64c39551]
aws_instance.demo: Still destroying... [id=i-0ce78612c64c39551, 10s elapsed]
aws_instance.demo: Still destroying... [id=i-0ce78612c64c39551, 20s elapsed]
aws_instance.demo: Still destroying... [id=i-0ce78612c64c39551, 30s elapsed]
aws_instance.demo: Still destroying... [id=i-0ce78612c64c39551, 40s elapsed]
aws_instance.demo: Destruction complete after 40s
aws_instance.demo: Creating...
aws_instance.demo: Still creating... [10s elapsed]
aws_instance.demo: Creation complete after 14s [id=i-0ac7b85aa2512ea1b]

Apply complete! Resources: 1 added, 0 changed, 1 destroyed.
```

　インスタンスが削除、再作成されました。インスタンス起動時にUserDataでWebサーバーを起動するように設定したので、新しいインスタンスのパブリックIPにアクセスし動作を確認します。

Test Page

This page is used to test the proper operation of the Apache HTTP server after it has been installed. If you can read this page, it means that the Apache HTTP server installed at this site is working properly.

If you are a member of the general public:

The fact that you are seeing this page indicates that the website you just visited is either experiencing problems, or is undergoing routine maintenance.

If you would like to let the administrators of this website know that you've seen this page instead of the page you expected, you should send them e-mail. In general, mail sent to the name "webmaster" and directed to the website's domain should reach the appropriate person.

For example, if you experienced problems while visiting www.example.com, you should send e-mail to "webmaster@example.com".

If you are the website administrator:

You may now add content to the directory /var/www/html/. Note that until you do so, people visiting your website will see this page, and not your content. To prevent this page from ever being used, follow the instructions in the file /etc/httpd/conf.d/welcome.conf.

You are free to use the image below on web sites powered by the Apache HTTP Server:

　Test Pageが表示できました。
　最後に忘れずに環境を削除します。

```
$ terraform plan -destroy

...

Plan: 0 to add, 0 to change, 7 to destroy.

$ terraform destroy

...

Destroy complete! Resources: 7 destroyed.
```

▌▌▌まとめ

ここまでで基本的なTerraformのワークフローを確認しました。

●基本的なTerraformのワークフロー

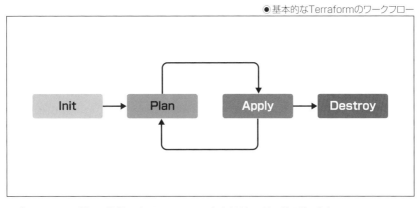

各コマンドの詳細や機能、応用については次章以降で詳しく解説します。

CHAPTER 03

Terraformの
コマンド

　本章ではTerraformでインフラストラクチャを構築、変更、破棄する際に用いるコマンドラインインターフェース（Terraform CLI）について解説します。はじめにTerraformのコアとなるワークフローを実現するためのサブコマンド群について触れ、後半で各種サブコマンドを解説します。また、Terraform環境のバージョンアップに関係するサブコマンドも紹介します。一部のサブコマンドについては割愛しているので、詳細は公式ドキュメント（https://www.terraform.io/docs/cli/index.html）を参照してください。

Terraformのコアワークフロー

　Terraformでは、次のコアワークフローに沿ってInfrastructure as Codeによるインフラ構成管理を行います。

1 記述(Write)：Infrastructure as Code(IaC)の記述

2 計画(Plan)：IaCを適用する前のプレビュー

3 適用(Apply)：インフラへの適用

　上記の各ステップで**Terraform CLI**を使います。Terraform CLIはTerraformにおける構成の記述、必要なプラグインの初期化、インフラストラクチャの作成および更新をするためのコマンドラインインターフェースです。

　以降、各ワークフローで利用する代表的なコマンドを紹介します。合わせて、作業ディレクトリ内に生成されるファイルの概要についても説明します。

||| terraform init

　`terraform init` は作業ディレクトリの初期化を行うサブコマンドです。デフォルトでは作業ディレクトリにすでに設定ファイルが含まれていると想定し、設定の初期化を試みます。コアワークフローにおける記述(Write)の機能を担います。

　このコマンドはTerraformプロジェクトを作成する際に最初に実行します。Terraform構成ファイル(tfファイル)に基づき初期化を行うため、実際に初期化を行う際には次の情報をTerraform構成ファイルに記述しておきましょう(具体的な記述方法はCHAPTER 04で説明します)。

- Providerの指定
- state設定(任意)

　なお、**state**とは、インフラ構成の状態を管理するコンポーネントのことです。

　コマンドの実行例を示します。Terraform構成ファイルを準備せずに実行した場合、次のようにTerraform構成ファイルの作成を促されます。

```
$ terraform init
Terraform initialized in an empty directory!

The directory has no Terraform configuration files. You may begin working
with Terraform immediately by creating Terraform configuration files.
```

Terraform構成ファイルを準備してから実行した場合、Terraform構成ファイルに基づき、インフラを構成する準備が整った旨が表示されます。

```
Terraform has been successfully initialized!

You may now begin working with Terraform. Try running "terraform plan" to see
any changes that are required for your infrastructure. All Terraform commands
should now work.

If you ever set or change modules or backend configuration for Terraform,
rerun this command to reinitialize your working directory. If you forget, other
commands will detect it and remind you to do so if necessary.
```

Terraform構成を初期化すると、次のディレクトリ・ファイルが生成されます。

- 「.terraform」ディレクトリ
- 「terraform.tfstate」ファイル
- 「.terraform.lock.hcl」ファイル

各ディレクトリ・ファイルについて、下記で説明します。

▶「.terraform」ディレクトリ

Terraformは `terraform init` コマンドで作業ディレクトリを初期化する際に `.terraform` という隠しディレクトリを生成します。このディレクトリにはプロバイダープラグインのキャッシュと各種モジュールの管理情報が格納されます。Workspace機能（CHAPTER 04で説明）を使っている場合は、有効なWorkspace情報を保持するためにも使います。stateの置き場所およびロック機構の設定をBackendと呼びますが、こちらについても `.terraform` ディレクトリ内で管理します。

▶「terraform.tfstate」ファイル

Terraformの構成情報を初期化すると、state情報が適切なBackendに生成されます。state情報の配置場所はデフォルトで作業ディレクトリ直下で、ファイル名は `terraform.tfstate` です。state情報が初期化されていない状況で、stateに依存するコマンドを実行すると、コマンドは失敗して `terraform init` を実行するよう促すメッセージが表示されます。

▶「.terraform.lock.hcl」ファイル

Terraform 0.14以降でTerraform構成を初期化すると、`.terraform.lock.hcl` という名前のファイルが生成されます。このファイルは依存関係をロックするために使います。具体的には、初期化時にキャッシュしたプロバイダーおよび各種モジュールのバージョン依存情報を記載しておき、異なる動作環境で構成を初期化した際に同一な環境を整えられるようにします。Node.jsにおける `package.lock` ファイルに相当します。

III terraform validate

terraform validate コマンドは作業ディレクトリ内のTerraform構成ファイルの構文チェックを行います。コアワークフローにおける記述（Write）の機能に相当します。計画・適用フェーズに移る前に、このコマンドを使ってHCLの文法レベルでの誤りを訂正するようにしましょう。

なお、バージョン0.12からは「Success! The configuration is valid.」とメッセージが出るようになっています。

III terraform plan

terraform plan は記述したインフラ構成が想定通りであることを確認するためのコマンドです。いわゆる「ドライラン」コマンドです。コアワークフローにおける記述・計画の機能を担います。インフラの生成・変更を実際に適用する前に、必ずこのコマンドで適用結果を確認しましょう。

terraform plan コマンドを実行すると、作成・変更・削除されるリソース一覧が次のアノテーションとともに表示されます。

アノテーション	意味
+	新規にリソースを作成する
~	既存のリソースに変更がある
-	既存のリソースを削除する

コマンドの実行が成功した場合、次の例のように計画のサマリが表示されます。

```
Plan: 0 to add, 1 to change, 0 to destroy.
```

このコマンドではプロバイダーがパブリッククラウドに対して、インフラの状態を確認する、コマンドの実行に失敗することがあります。その場合はエラーメッセージが表示されるので、どの箇所がどのように間違えているのか確認して修正しましょう。

▶「validate」と「plan」の違い

terraform plan コマンドには **terraform validate** コマンドの機能が内包されているため、開発の際には前者のコマンドのみでも問題ないと思われるかもしれません。しかし、コマンドが分離されているのにはそれなりの理由があります。

1つは実行時間の差です。**terraform plan** コマンドはプロバイダーがクラウドサービスに対してクエリを実行し、現状のインフラの状態を確認するステップがあります。大規模なインフラ構成の場合、この状態確認に時間がかかるため、細かく構文チェックを行うためには **terraform validate** コマンドを使う方が効果的です。いまどきはエディタの構文チェック機能でも十分に賄えますが、CLIに馴染みのある場合は覚えておいてもよいでしょう。

もう1つは、CI/CDにTerraformを組み込む際の開発サイクルを早くするためです。CI/CD環境を構成する場合、ローカルとは別のビルド環境で計画・適用のワークフローを実行するため、ローカルから直接クラウドサービスへアクセスすることが禁止されている場合があります。

　このとき、`terraform plan` はクラウドサービスの情報を閲覧する必要があるため、ローカル環境では実行できません。`terraform validate` であればファイルの構文チェックを行うだけなので、ローカル環境でも実行可能です。

‖ terraform apply

　ここまで記述したTerraform構成ファイルを使ってインフラ構成をクラウドサービスに適用する際には、`terraform apply` コマンドを使います。このコマンドを実行すると、あらためて `plan` の結果が表示され、続けて `Enter a value:` というプロンプトが表示されます。このプロンプトに `yes` と入力すると、リソースの作成・変更・削除が実際に適用されます。

　適用の際に失敗する場合がありますが、落ち着いてエラーの内容を確認してTerraform構成ファイルを修正しましょう。

‖ terraform destroy

　`terraform destroy` コマンドはTerraformで構成を管理しているインフラストラクチャを削除します。リソースの破壊行為なので、慎重に使いましょう。誤ってリソースを削除した場合、リソースによっては復旧に多大なる手間や時間がかかかります。また、Elastic IPのようにクラウドサービスが自動で払い出すリソースの場合、まったく同じIPを再取得できない可能性もあるため、場合によっては復旧不可となります。実行する際には慎重に確認しましょう。実行前には `terraform plan -destroy` で削除対象リソースの一覧を確認することも可能です。

サブコマンド

Terraformのコアワークフローに加えて、構成の確認、インポート、stateファイルの操作など、多くのサブコマンドがあります。ここからは構成管理の際によく使うサブコマンドを紹介します。

▌terraform fmt

`terraform fmt` コマンドはTerraform構成ファイルのフォーマットを行います。GitHubなどで共同で開発する際には、エディタ設定およびコミット前のフックにこのコマンドを組み込んで自動的に適用することをおすすめします。

▌terraform import

`terraform import` コマンドは既存のインフラストラクチャをTerraformにインポートするコマンドです。手動で作成したリソースをTerraformの構成管理に加えたいときに使用します。stateファイルが作成されるだけなので、Terraform構成ファイルは各自で書く必要があります。また、インポートできるリソースはプロバイダーが対応しているもののみとなります。

実際に `terraform import` の実行例を示します。コマンドの引数にはリソース名、IDなどを指定します。具体的な設定値はリソースによってことなるため、各リソースのドキュメントページの「インポート」以下の記載を参照ください。

また、リソースへのインポートだけでなく、モジュールを使用している場合や `count` 、`for_each` で構成されたリソースへのインポートも可能です。

```
# EC2インスタンス i-abcd1234 を aws_instance.foo というリソースとして
# state ファイルに取り込む
$ terraform import aws_instance.foo i-abcd1234

# モジュールで定義したリソースを state ファイルに取り込む
$ terraform import module.foo.aws_instance.bar i-abcd1234

# count で定義したリソースの場合はインデックスを指定する
$ terraform import 'aws_instance.baz[0]' i-abcd1234

# for_each で定義したリソースの場合はKeyを指定する
$ terraform import 'aws_instance.baz["example"]' i-abcd1234
```

▌terraform show

`terraform show` コマンドはstateに記録されたすべてのリソースの状態を表示します。通常、stateファイルはJSON形式のため、可読性の高いフォーマットで出力する役割を持っています。

III terraform state

`terraform state` コマンドはstateファイルを確認・操作したいときに使用します。

`terraform state` コマンドにはさらに下記のサブコマンドがあります。

サブコマンド	説明
list	管理対象リソースの一覧を表示する
mv	Sstate内のリソース名を変更する
pull	現在のstateをBackendからダウンロードし、表示する
push	ローカルのstateファイルをリモートのBackendにアップロードする
rm	リソースをTerraformの管理から外す
show	リソースの詳細を表示（「terraform show」コマンドのリソース指定版）

III terraform force-unlock

`terraform force-unlock` コマンドもstateの管理で利用するコマンドです。

複数人チームでTerraformを利用する場合、stateをロックすることで、適用（`terraform apply`）の同時実行によるインフラの破壊を避けることができます。しかしながら、ロック機構はBackend設定によって異なり、実装はプロバイダーに依存します。そのため、場合によっては意図せずstateがロックされ続けてしまうということも起こり得ます。

`terraform force-unlock` コマンドはstateがロックされ続けてしまった際に、強制的にロックを解除します。CI/CDによって同時多発的に適用が行われている場合には注意して実行しましょう。

III terraform workspace

`terraform workspace` コマンドはWorkspaceとして管理するためのコマンドです。詳細はCHAPTER 04で解説するため、ここでは基本的なサブコマンドの紹介にとどめます。

サブコマンド	説明
delete	Workspacesを削除する
list	既存のWorkspacesを表示する
new	Workspaceを新規に作成する
select	Workspaceを選択する
show	選択中のWorkspaceを表示する

III terraform output

`terraform output` コマンドはstateファイルからOutput Valuesを抽出するコマンドです。

III terraform refresh

`terraform refresh` コマンドはstateファイルを既存リソースの状態に合わせるためのコマンドです。主にOutput Valuesを更新するために使います。 `terraform plan` コマンドの機能に含まれています。

03

Terraformのコマンド

terraform console

`terraform console` コマンドは対話型コンソールを起動するコマンドです。REPL形式で変数展開が実行可能です。stateファイルがある場合、その中から各種属性値を確認できます。

terraform graph

`terraform graph` コマンドはGraphViz向けにstateの依存関係を図表化します。なお、Graphvizは、オープンソースのグラフ視覚化ソフトウェアです。

terraform login

`terraform login` コマンドは、Terraform Cloud、Terraform Enterprise、またはTerraformサービスを提供するその他のホストのAPIトークンを自動的に取得して保存します。

このコマンドは、Terraformが実行されているのと同じホストでWebブラウザを起動できるインタラクティブシナリオでの使用にのみ適しています。

terraform logout

`terraform logout` コマンドは `terraform login` コマンドによって保持された認証情報を削除するために使用します。

SECTION-010

Terraform環境の確認とアップデート

Terraform CLIには、CLIのバージョンアップや、プロバイダーのアップデート向けのコマンドもあります。

terraform 0.13upgrade

terraform 0.13upgrade コマンドはTerraform 0.12用に記述されたソースを、Terraform 0.13で使用できるように準備するためのコマンドです。複雑な構成・書き方をしていない限りうまく変換してくれるので、バージョン0.12が廃止される前に実行してバージョン0.13で運用できるようにしましょう。

実行確認の回答を求められるので、yes と入力します。実行が完了したら terraform plan でstateファイルとコードに差異がながかを確認します。 No change となればアップグレードが完了です。

なお、モジュールがバージョン0.11以前用に作成されている場合は、Terraform 0.13を使用する前に、Terraform 0.12の最新のマイナーリリースを使用して構文をアップグレードする必要がある場合があります。

```
$ terraform 0.13upgrade

This command will update the configuration files in the given directory to use
the new provider source features from Terraform v0.13. It will also highlight
any providers for which the source cannot be detected, and advise how to
proceed.

We recommend using this command in a clean version control work tree, so that
you can easily see the proposed changes as a diff against the latest commit.
If you have uncommited changes already present, we recommend aborting this
command and dealing with them before running this command again.

Would you like to upgrade the module in the current directory?
  Only 'yes' will be accepted to confirm.

  Enter a value: yes
```

03 Terraformのコマンド

▎terraform version

`terraform version` コマンドはTerraformのバージョンを確認するためのコマンドです。特にバージョン0.12系以降、HCLの構文に大幅な変更があったので、実行バージョンには注意する必要があります。実用としては、tfenv（CHAPTER 07で説明）でバージョンを切り替える際の確認で確認でよく使用します。

コマンド実行時にメッセージが出ることがあります。下記は新しいバージョンをダウンロードできることの案内なので、状況に応じてアップグレードを検討しましょう。

```
$ terraform -v
Terraform v0.12.6
+ provider.aws v2.39.0

Your version of Terraform is out of date! The latest version
is 0.12.18. You can update by downloading from www.terraform.io/downloads.html
```

▎terraform providers

`terraform providers` コマンドは使用しているプロバイダーのバージョン一覧が確認できます。

AWSの場合、バージョンごとのプロバイダーの対応状況を下記のChangelogで確認できます。

URL https://github.com/terraform-providers/
terraform-provider-aws/blob/master/CHANGELOG.md

▎terraform get

`terraform get` コマンドはモジュールをインストールするコマンドですが、`terraform init` 実行時にモジュールがインストールされて入ればこのコマンドを実行する必要はありません。オプションで `-update` があるので、モジュールをアップデートしたい場合に利用できます。

CHAPTER 04

Terraformの
構成要素

　本章ではTerraformを使用するときに必要な引数やブロック、stateファイルの管理方法を解説します。構成要素はどのproviderを使用しても共通なため、ここで理解することでさまざまなクラウドベンダやSaaS製品の構成管理を統一された構文をコードとして管理できる際に役立ちます。

　また、CHAPTER 02で触れたチュートリアルのTFコードについて、この段階で理解を深められるようにしましょう。

Terraformの構文

ここでは、HCLで使用できるさまざまな構成について、主要な**引数**と**ブロック**という2つの構文を中心に簡単に説明します。少し深堀した内容については、別のセクションで取り上げます。

||| 引数

引数には特定の名前に値を代入します。等号の前の識別子は引数名であり、等号の後の式は引数の値です。

引数が表示されるコンテキストによって、有効な値のタイプが決まります(たとえば、各リソースタイプには、引数のタイプを定義するスキーマがあります)。ただし、多くの引数は任意の式を受け入れます。これにより、値を文字どおりに指定することも、プログラムで他の値から生成することもできます。

```
image_id = "abc123"
```

||| 主要な構成ブロック

Terraformではブロックにはタイプがあります。各ブロックタイプは、**type** キーワードの後ろに必要なラベルの数を定義します。

▶「terraform」ブロック

Terraformの設定は、**terraform** ブロックにまとめられています。providerをインストールできるように **required_providers** で宣言したり、バックエンドの構成を指定したりできます。ここではよく使用する3つを例に挙げます。

- Terraformバックエンドの構成
- プロバイダー要件の指定
- Terraformバージョンの指定

次ページの図ように、[USE PROVIDER]ボタンをクリックして表示することで、使用したい **source** を確認することができます。その後、バックエンドの構成やTerraformバージョンを任意で指定します。

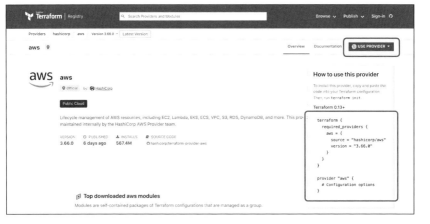

```
# ---------------------------
# Terraform setting
# ---------------------------
terraform {
  backend "s3" {
    bucket          = "xxxxx"
    region          = "ap-northeast-1"
    key             = "xxxxx/terraform.tfstate"
    encrypt         = true
  }
  /*
  backend "local" {
    path = "terraform.tfstate"
  }
  */

  required_providers {
    aws = {
      source  = "hashicorp/aws"
      version = "= 3.62.0"
    }
  }
  required_version = ">= 1.0.8"
}
```

▶「provisioner」ブロック

provisioner ブロックはインフラのプラットフォーム情報を定義します。使用できる値がプロバイダーにより異なるため、設定についての詳細は、それぞれのTerraformレジストリで確認してください。

AWS providerの場合、プロバイダーレベルでデフォルトのタグを定義する機能が提供されるようになったので、タグ管理を簡素化できるようになりました。

なお、デフォルトのタグを設定するには、次のものが必要です。

- Terraform 0.12以降
- TerraformAWSプロバイダー 3.38.0以降

```
provider "aws" {
  region              = "ap-northeast-1"
  default_tags {
    tags = {
      managed_by = "terraform"
      env        = local.env
      system     = var.system
    }
  }
}
```

▶「resource」ブロック

resource ブロックは、各プロバイダーが提供するインフラストラクチャオブジェクトを定義します。たとえば、**aws_instance** を作成するときは次のようになります。

```
resource "aws_instance" "example" {
  ami = "abc123"

  network_interface {
    # ...
  }
}
```

▶「data」ブロック

data ブロックは既存のリソースから情報を参照したいときに使用します。たとえば手動で作成したリソースや、**remote_state** などにある情報を取得する際に使用します。

```
# Current AWS Account ID
data "aws_caller_identity" "current" {}

# Current User ID with AWS Account
data "aws_canonical_user_id" "current" {}

# Current region
```

▼

```
data "aws_region" "current" {}

# AZ
data "aws_availability_zones" "available" {}

# ELB Account ID
data "aws_elb_service_account" "main" {}


data "terraform_remote_state" "test" {
  backend = "s3"
  config = {
    bucket            = var.remote_state_bucket
    key               = "xxx/terraform.tfstate"
    region            = var.remote_state_region
  }
}
```

▶ 「variable」ブロック

variable ブロックは変数の定義を行います。ユーザーが構成をカスタマイズするために値を定義することで、より柔軟なコード化ができます。

```
variable "vpc_cidr_block" {
  description = "CIDR block for VPC"
  type        = string
  default     = "10.0.0.0/16"
}

# VPC main
resource "aws_vpc" "vpc_main" {
  cidr_block          = var.vpc_cidr_block
  ...

}
```

▶ 「locals」ブロック

locals ブロックはローカル変数が定義できます。ローカル値は、値をハードコーディングするのではなく、意味のある名前を使用して、より読みやすい構成を作成するのにも役立ちます。

```
locals {
  resource_name_tpl = "${local.name_header}-${local.env}-${var.system}"
}

locals {
  vpc_name = "${local.resource_name_tpl}-vpc"
}
```

▶「output」ブロック

output ブロックは変数やTerraformで作成されたリソース情報を出力できます。用途は他のstateファイルを参照できるようにしたときに使用します。

```
output "instance_id" {
  value = aws_instance.server.id
}
```

▶「module」ブロック

module ブロックはモジュールレジストリからインストールや、子モジュールの呼び出しなどに使用します。

```
module "rds" {
  source  = "terraform-aws-modules/rds/aws"
  version = "3.4.1"
  # insert the 30 required variables here
}
```

▌▌▌ 識別子

引数名、ブロックタイプ名、およびリソース、入力変数などのほとんどのTerraform固有の構造の名前はすべて識別子です。識別子には、文字、数字、アンダースコア(_)、およびハイフン(-)を含めることができます。リテラル番号との曖昧さを避けるために、識別子の最初の文字は数字であってはなりません。

▌▌▌ コメントアウト

HCLは、コメントに対して3つの異なる構文をサポートしています。

は、1行のコメントを開始し、行の終わりで終了します。

// は、1行のコメントを開始し、行の終わりで終了します。

/* と ***/** は、複数行にまたがる可能性のあるコメントの開始区切り文字と終了区切りで終了します。

SECTION-012

Providers

プロバイダーは、APIの相互作用を理解し、リソースを公開されています。プロバイダーはAWSだけでなく、GCPやAzureなどのIaaS以外にもPaaS、またはSaaSサービス（Terraform Cloudなど）にも対応しています。

たとえば、Terraform AWSプロバイダーはTerraformのプラグインであり、AWSリソースの完全なライフサイクル管理を可能にします。このプロバイダーは、HashiCorp AWSプロバイダーチームによって内部的に維持されています。

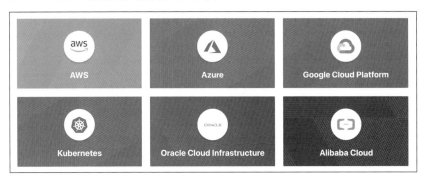

Ⅲ Terraform Provider Integrations

すべてのプロバイダーは、Terraformに統合され、同じ方法で動作します。次の表は、特定のプロバイダーが開発および保守していることをユーザーが理解できるようにすることを目的としています。

ティア	説明	名前空間
オフィシャル	公式プロバイダーはHashiCorpが所有および保守している	hashicorp
検証済み	3rd partyのテクノロジーパートナーによって所有および保守されている。この層のプロバイダーは、HashiCorpがプロバイダーの発行元の信頼性を検証し、パートナーがHashiCorpテクノロジーパートナープログラムのメンバーであることを示す。	3rd party組織
コミュニティ	個々のメンテナー、メンテナーのグループ、またはTerraformコミュニティの他のメンバーによってTerraformレジストリに公開される	メンテナの個人または組織のアカウント
アーカイブ	HashiCorpまたはコミュニティによって保守されなくなった公式または検証済みのプロバイダー。APIが非推奨になった場合、または関心が低かった場合に発生する可能性がある	hashicorpまたは3rd party組織

▌▌▌プロバイダー/プラグインの主な役割

プロバイダー/プラグインの主な役割は次の通りです。

- API呼び出しを行うために使用されるすべての含まれているライブラリの初期化
- インフラストラクチャプロバイダーによる認証
- 特定のサービスにマップするリソースを定義
- 作成後または破棄時に、指定されたリソースでコマンドまたはスクリプトを実行

▌▌▌プロバイダー構成

基礎構文解説で説明したように、使用できる値がプロバイダーにより異なるため、設定についての詳細は、それぞれのTerraformレジストリで確認してください。ここではalias/複数のプロバイダー構成やバージョンの制約について解説します。

```
terraform {
  required_providers {
    aws = {
      source = "hashicorp/aws"
      version = ">=3.66.0"
    }
    datadog = {
      source = "DataDog/datadog"
      version = ">=3.6.0"
    }
  }
  required_version = ">= 1.0"
}
```

▶ alias/複数のプロバイダー構成

同じプロバイダーに対してオプションで複数の構成を定義し、リソースごと、またはモジュールごとに使用する構成を選択できます。この主な理由は、クラウドプラットフォームの複数のリージョンをサポートすることです。他の例には、複数のDockerホスト、複数のConsulホストなどをターゲットにすることが含まれます。同じプロバイダー名を持つ複数の **provider** ブロックを含めるには、デフォルト以外の構成ごとに、**alias** メタ引数を使用して追加の名前セグメントを提供します。

たとえば、CloudFront/ACMを使用するためにバージニア北部リージョンを指定したい場合や、DR対応のために大阪リージョンを指定したい場合などが挙げられます。

```
provider "aws" {
  region = "us-east-1"
  alias  = "nvirginia"
}

resource "aws_instance" "foo" {
  provider = aws.nvirginia
}
```

▶ バージョンの制約

　各プロバイダープラグインには独自の利用可能なバージョンのセットがあり、プロバイダーの機能を時間の経過とともにバージョンアップすることができます。宣言する各プロバイダーの依存関係には、引数でバージョン制約を指定する必要があります。これにより、Terraformは、すべてのモジュールと互換性のあるプロバイダーごとに1つのバージョンを選択できます。

　version 引数はオプションです。省略した場合、Terraformは任意のバージョンのプロバイダーを互換性のあるものとして受け入れます。ただし、モジュールが依存するすべてのプロバイダーにバージョン制約を指定することを強くおすすめします。

　Terraformが特定の構成に対して常に同じプロバイダーバージョンをインストールするようにするには、Terraform CLIを使用して依存関係ロックファイルを作成し、構成とともにバージョン管理システムにコミットします。 .terraform.lock.hcl が存在する場合、プロバイダーをインストールするときに、Terraform Cloud、CLIはすべて従うように構成されています。

演算子	説明
=(または演算子なし)	指定したバージョン、または最新のバージョンを要求する
>、>=	指定されたバージョンに対して比較し、新しいバージョンを要求する
~>	特定のマイナーリリース内で新しいパッチリリースを要求する

▶ プロバイダーバージョンのベストプラクティス

　各モジュールは少なくとも、>= バージョン制約構文を使用して、動作することがわかっている最小プロバイダーバージョンを宣言する必要があります。

```
terraform {
  required_providers {
    mycloud = {
      source  = "hashicorp/aws"
      version = ">= 3.66.0"
    }
  }
}
```

　構成のルートとして、実行するディレクトリとして使用することを目的としたモジュールは、互換性のない新しいバージョンへの偶発的なアップグレードを回避するために、使用するプロバイダーの最大バージョンも指定する必要があります。 ~> 演算子は、特定のマイナーリリース内のパッチリリースのみを許可するための便利な省略形です。たとえば、~> 1.0.4 では、バージョン1.0.5およびバージョン1.0.10のインストールは許可されますが、バージョン1.1.0のインストールは許可されません。

```
terraform {
  required_providers {
    mycloud = {
      source  = "hashicorp/aws"
      version = "~> 1.0.4"
    }
  }
}
```

~> が特定の新しいバージョンと互換性がないことがわかっている場合でも、多くの構成で再利用する予定のモジュールには使用しないでください。そうすることでエラーを防ぐことができる場合もありますが、多くの場合、モジュールのユーザーは、定期的なアップグレードを実行するときに多くのモジュールを同時に更新する必要があります。最小バージョンを指定し、既知の非互換性を文書化し、ルートモジュールに最大バージョンを管理させます。

Resources

ResourcesはHCLで最も重要な要素です。各リソースブロックは、1つ以上のインフラストラクチャオブジェクトを記述します。

- リソースブロックは、リソースを宣言するための構文を記述する
- リソースの動作では、Terraformが設定適用時にリソース宣言をどのように扱うかを説明している
- メタ引数セクションの記述を含む、depends_on、count、for_each、provider、lifecycleが使用できる
- プロビジョナーは、provisionerおよびconnectionブロックを使用して、リソース作成後のアクションで処理させたいことを記述する。プロビジョナーは宣言型ではなく、予測できない可能性があるため、最後の手段として扱うことを強く推奨する

Resource構文

Resourcesはリソース構築に利用します。リソース宣言には多くの高度な機能を含めることができますが、最初の使用に必要なサブセットはごくわずかです。宣言や高度な構文機能については後半で説明します。

リソースブロックは、指定されたタイプ（ "aws_instance" ）と、任意のローカル名（ "web" ）を宣言します。

リソースタイプと名前は一緒に特定のリソースの識別子として機能するため、モジュール内で一意である必要があります。次に、（間のブロック本体内 { と } ）リソース自体の構成引数です。このセクションのほとんどの引数はリソースタイプに依存します。実際、この例では、ami と instance_type は両方ともリソースタイプ用に定義された引数です。

```
resource "aws_instance" "web" {
  ami           = "ami-a1b2c3d4"
  instance_type = "t2.micro"
}
```

▐▌▐ リソースタイプ

　各リソースは単一のリソースタイプに関連付けられており、管理するインフラストラクチャオブジェクトの種類と、リソースがサポートする引数やその他の属性を決定します。

▶ プロバイダー

　各リソースタイプは、リソースタイプのコレクションを提供するTerraformのプラグインであるプロバイダーによって実装され、作業ディレクトリを初期化するときに、プロバイダーを指定しておくことで自動的にインストールできます。ほとんどのプロバイダーは、リモートAPIにアクセスするためにいくつかの構成を必要とし、ルートモジュールはその構成を提供する必要があります。

　Terraformは通常、リソースタイプの名前に基づいて、使用するプロバイダーを自動的に決定します（慣例により、リソースタイプ名はプロバイダーの優先ローカル名で始まります）。プロバイダーの複数の構成（または非優先ローカルプロバイダー名）を使用する場合は、`provider` メタ引数を使用して代替プロバイダー構成を手動で選択する必要があります。

▶ リソースタイプのドキュメント

　すべてのTerraformプロバイダーには、リソースタイプとその引数を説明する独自のドキュメントがあります。

　公開されているプロバイダーのほとんどは、ドキュメントをホストしているTerraformレジストリで配布されています。Terraformレジストリでプロバイダーのページを表示しているときに、ヘッダーの「ドキュメント」リンクをクリックして、そのドキュメントを参照できます。レジストリのプロバイダードキュメントはバージョン管理されており、ヘッダーのドロップダウンバージョンメニューを使用して、表示しているバージョンのドキュメントを切り替えることができます。

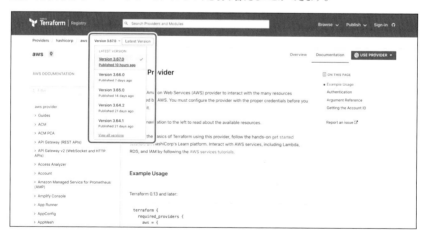

▌▌▌リソースの動作

Terraform構成の適用は、実際のインフラストラクチャオブジェクトを作成、更新、および破棄して、それらの設定を構成と一致させるプロセスです。

▶ Terraformが構成を適用する方法

Terraformが `resource` ブロックで表される新しいインフラストラクチャオブジェクトを作成すると、その実際のオブジェクトの識別子がTerraformのstateに保存され、将来の変更に応じて更新および破棄できるようになります。

一般的な動作は、タイプに関係なく、すべてのリソースに適用されます。リソースを作成、更新、または破棄することの意味の詳細は、リソースタイプごとに異なりますが、この標準の動詞セットはすべてのリソースに共通です。

- 構成に存在するが、state内の実際のインフラストラクチャオブジェクトに関連付けられていないリソースを作成する。
- stateには存在するが、構成には存在しなくなったリソースを破棄する。
- 引数が変更されたインプレースリソースを更新する。
- 引数が変更されたが、リモートAPIの制限のためにインプレースで更新できないリソースを破棄して再作成する。

▌▌▌タイムアウト

一部のリソースタイプは、`timeouts` ブロックを提供しています。 `timeouts` ブロックでは、失敗したと見なされるまでに特定の操作にかかる時間をカスタマイズすることができます。たとえば、`aws_db_instance` では `create` 、`update` 、`delete` に対してタイムアウトを設定できます。

タイムアウトはプロバイダーのリソースタイプの実装によって処理されますが、これらの機能を提供するリソースタイプの `timeouts` は、構成可能なタイムアウト値を持つ各操作にちなんで名付けられた、ネストされた引数を持つと呼ばれる子ブロックを定義する規則に従います。これらの各引数は、"60m"（60分）、"10s"（10秒）、"2h"（2時間）などの期間の文字列表現を取ります。

なお、`timeouts` ブロックをサポートしているかどうかは、各リソースタイプのドキュメントを参照してください。

```
resource "aws_db_instance" "example" {
  # ...

  timeouts {
    create = "60m"
    delete = "2h"
  }
}
```

SECTION-014

メタ引数

リソースの動作を変更するために任意のリソースタイプで使用できるいくつかのメタ引数を定義します。

depends_on

depends_on は、resource の依存関係を解決します。

すべてに必要なわけではなく、Terraformが自動的に推測できない隠れたリソースの依存関係を処理させていときに使用することでリソース間に依存関係を付与することができるようになります。

最終手段としての方法なため、使用するときは依存関係の目的を理解できるように、理由を説明するコメントを含めることをおすすめします。

count

count 引数が与えられたリソースを複製または増分カウンタと時間の特定の数のモジュールでリソースが同一またはほぼ同一である場合に最適に機能します。

デフォルトでは、resource ブロックは1つの実際のインフラストラクチャオブジェクトを構成します。

```
resource "aws_instance" "server" {
  count = 3
  ami           = "ami-abc123"
  instance_type = "t2.micro"
  tags = {
    Name  = "Server-${count.index}"
  }
}
```

なお、何らかの理由でリストの順序が変更された場合、terraformは、リスト内のインデックスが変更されたすべてのリソースを強制的に置き換えます。

▶「count」オブジェクト

count が設定されているブロックのオブジェクトは、count.index があります。これをtag名に付与するとき、インデックス番号は0から始まるため、「Server-0」「Server-1」「Server-2」のようになります。

```
$ terraform state list
aws_instance.Server[0]
aws_instance.Server[1]
aws_instance.Server[2]
```

76

インスタンス (3) 情報   ⟳

🔍 インスタンスをフィルタリング

☐	Name ▲	インスタンス ID	インスタンス... ▽	インスタンス... ▽
☐	Server-0	i-0e8d812f10c7b92ef	⊘ 実行中 🔍🔍	t2.micro
☐	Server-1	i-0edb372c74bfc3e80	⊘ 実行中 🔍🔍	t2.micro
☐	Server-2	i-010ed9813cc3b6cdd	⊘ 実行中 🔍🔍	t2.micro

▌▌▌ for_each

for_each で定義すると、繰り返し処理が行われます。

引数の一部に、整数から直接導出できない個別の値が必要な場合は、**for_each** を使用する方が安全です。

for_each 引数は順番に各項目を設定し、リソースやモジュールへのデータ構造を反復処理します。重複するリソースを別の方法で構成する必要がありますが、同じライフサイクルを共有する必要がある場合に最適に機能します。

```
data "aws_ami" "al2" {
  most_recent = true

  filter {
    name   = "name"
    values = ["amzn2-ami-hvm-2.0*"]
  }

  filter {
    name   = "architecture"
    values = ["x86_64"]
  }

  filter {
    name   = "virtualization-type"
    values = ["hvm"]
  }

  owners = ["amazon"]
}

locals {
  instances = {
    web01 = {
      base_ami      = data.aws_ami.al2.id
      instance_type = "t2.micro"
    }
```

▼

77

```
  web02 = {
    base_ami     = data.aws_ami.al2.id
    instance_type = "t2.micro"
  }
 }
}

## EC2
resource "aws_instance" "this" {
  for_each = { for k, v in local.instances : k => v }

  ami           = each.value.base_ami
  instance_type = each.value.instance_type

  tags = {
    Name = "Server-${each.key}"
  }
}
```

```
$ terraform state list
data.aws_ami.al2
aws_instance.this["web01"]
aws_instance.this["web02"]
```

▶ 「each」オブジェクト

　for_each が設定されているブロックのオブジェクトは、each.key と each.value が
あります。これは for_each が指定している対象の key と value です。

▌▌▌ lifecycle

lifecycle 引数は、リソースの作成と破棄のカスタムルールを作成することにより、Terraform操作のフローを制御するのに役立ち、リソースのニーズに基づいて潜在的なダウンタイムを最小限に抑え、特定のリソースをインフラストラクチャの変更や影響から保護するのに役立ちます。

prevent_destroy = true で削除しようとしたときにエラーを返すことは、リソースの偶発的な破壊を防ぐのに役立ちますが、Terraformでは、これが発生したときに他の変更を行うことはできません。

代わりに、ドリフトを管理するための別のオプションは、**ignore_changes** パラメーターです。これは、変更を評価するときに無視する個々の属性をTerraformに指示します。

もう1つのライフサイクルフラグは **create_before_destroy** です。これは、リソースの作成と破棄の順序を制御するため、特にゼロダウンタイムを達成するために使用されます。

▶ 破壊される前にリソースを作成する

ダウンタイムを引き起こす可能性があるが許容できないとき、**create_before_destroy** を使用することで回避できる場合があります。

lifecycle hooksを利用してプロビジョニングすることで、Terraformが古いインスタンスを削除する前に、新しいリソースが作成され、リクエストを処理できるようになり、シームレスで中断のないアップグレードプロセスが実現します。

AWSだとautoscaling環境での起動テンプレートなどに記述することが推奨になっています。

```
lifecycle {
  create_before_destroy = true
}
```

terraform apply 時にインスタンスの入れ替えを強制する変更を実行してみます。前者が引数あり、後者が引数なしの結果です。このことから、「新しいリソースの作成」→「古いリソースの削除」の順に実行されていることがわかります。

◉引数あり

```
aws_security_group.sg_web: Modifying... [id=sg-04e790ea174ff431a]
aws_security_group.sg_web: Modifications complete after 1s [id=sg-04e790ea174ff431a]
aws_instance.this["web01"]: Creating...
aws_instance.this["web01"]: Still creating... [10s elapsed]
aws_instance.this["web01"]: Still creating... [20s elapsed]
aws_instance.this["web01"]: Still creating... [30s elapsed]
aws_instance.this["web01"]: Creation complete after 32s [id=i-007a1f2b3ac8361ae]
aws_instance.this["web01"] (deposed object 796beaea): Destroying... [id=i-
0d27643c54072154e]
aws_instance.this["web01"]: Still destroying... [id=i-0d27643c54072154e, 10s elapsed]
aws_instance.this["web01"]: Still destroying... [id=i-0d27643c54072154e, 20s elapsed]
aws_instance.this["web01"]: Still destroying... [id=i-0d27643c54072154e, 30s elapsed]
aws_instance.this["web01"]: Still destroying... [id=i-0d27643c54072154e, 40s elapsed]
aws_instance.this["web01"]: Destruction complete after 41s

Apply complete! Resources: 1 added, 1 changed, 1 destroyed.
```

◉引数なし

```
aws_instance.this["web01"]: Destroying... [id=i-007a1f2b3ac8361ae]
aws_instance.this["web01"]: Still destroying... [id=i-007a1f2b3ac8361ae, 10s elapsed]
aws_instance.this["web01"]: Still destroying... [id=i-007a1f2b3ac8361ae, 20s elapsed]
aws_instance.this["web01"]: Still destroying... [id=i-007a1f2b3ac8361ae, 30s elapsed]
aws_instance.this["web01"]: Destruction complete after 31s
aws_security_group.sg_web: Modifying... [id=sg-04e790ea174ff431a]
aws_security_group.sg_web: Modifications complete after 1s [id=sg-04e790ea174ff431a]
aws_instance.this["web01"]: Creating...
aws_instance.this["web01"]: Still creating... [10s elapsed]
aws_instance.this["web01"]: Still creating... [20s elapsed]
aws_instance.this["web01"]: Creation complete after 22s [id=i-0366ad2a434b22be2]

Apply complete! Resources: 1 added, 1 changed, 1 destroyed.
```

▶リソースの削除を防ぐ

prevent_destroy 引数を true に設定すると、強制的なリソース再作成が発生したときにエラーを発生するようになりますが、これはあくまでTerraform上での削除保護です。

保護を適用するには、prevent_destroy 引数が構成に存在する必要があります。そのため、resource ブロックが構成から完全に削除された場合、リモートオブジェクトが破棄されるのを防ぐことはできません。

```
lifecycle {
  prevent_destroy = true
}
```

```
$ terraform destroy
 |
 | Error: Instance cannot be destroyed
 |
 |   <保護対象のリソース>
 |
 | Resource <対象のリソース> has lifecycle.prevent_destroy set, but the plan calls for
this resource to be destroyed. To avoid this error and continue with the plan, either
disable
 | lifecycle.prevent_destroy or reduce the scope of the plan using the -target flag.
```

04

Terraformの構成要素

▶ 変更を無視する

デフォルトでは、Terraformは実際のインフラストラクチャオブジェクトの現在の設定の違い
を検出し、構成に一致するようにリモートオブジェクトを更新することを計画しています。そのた
め、Terraformの操作で影響を与えたくない変更は、**ignore_changes** 引数を使用してく
ださい。

リモートオブジェクトの設定が、Terraformの外部のプロセスによって変更され、Terraform
が次の実行で「修正」しようとする場合があります。Terraformが単一のオブジェクトの管理責
任を別のプロセスと共有するようにするために、**ignore_changes** 引数は、関連するリモート
オブジェクトの更新を計画するときにTerraformが無視する必要のあるリソース属性を指定し
ます。

指定された属性名に対応する引数は作成操作を計画するときに考慮されますが、更新を
計画するときには無視されます。

```
lifecycle {
    ignore_changes = [xxxxx]
  }
}
```

```
No changes. Your infrastructure matches the configuration.

Terraform has compared your real infrastructure against your configuration and found no
differences, so no changes are needed.

Apply complete! Resources: 0 added, 0 changed, 0 destroyed.
```

DataSources

DataSourcesにより、Terraformの外部で定義された情報、別のTerraform構成によって定義された情報、または関数によって変更された情報を取得して使用することができます。

▌ DataSources使用

DataSourcesは、ブロックを使用して宣言された、DataSourcesと呼ばれる特別な種類のリソースを介してアクセスされます。

```
data "aws_acm_certificate" "certificate" {
  domain      = "example.com"
  statuses    = ["ISSUED"]
  most_recent = true
}



resource "aws_lb_listener" "https-listener" {
  load_balancer_arn = aws_lb.alb.arn
  port              = "443"
  protocol          = "HTTPS"

  ssl_policy      = "ELBSecurityPolicy-2016-08"
  certificate_arn = data.aws_acm_certificate.certificate.arn

  default_action {
    target_group_arn = aws_alb_target_group.alb-tg.arn
    type             = "forward"
  }
}
```

data ブロックは、特定のDataSources（ **aws_acm_certificate** ）から読み取り、その結果を指定されたローカル名（ **certificate** ）でエクスポートすることを要求します。この名前は、同じTerraformモジュール内の他の場所からこのリソースを参照するために使用されますが、モジュールの範囲外では意味がありません。

DataSourcesとResourceのどちらのリソースも構成で使用するために引数とエクスポート属性を取りますが、Resourceはインフラストラクチャオブジェクトの作成、更新、削除を行うのに対し、DataSourcesはオブジェクトの読み取りのみを行います。

‖ DataSourcesの引数

　各DataSourcesは単一のデータソースに関連付けられており、DataSourcesは、読み取るオブジェクトの種類と使用可能なクエリ制約引数を決定します。

　`data` ブロック内のほとんどの項目は、選択したデータソースによって定義され、特定のデータソースに固有です。これらの引数は、式やその他の動的なHCLの機能を最大限に活用できます。

‖ DataSourcesの動作

　DataSourcesのクエリ制約引数が定数値または既知の値のみを参照している場合、DataSourcesが読み取られ、`plan` の作成前に実行されるTerraformの「更新」フェーズ中にその状態が更新されます。これにより、取得したデータを計画中に使用できるようになるため、`terraform plan` 実行時には取得した実際の値が表示されます。

　クエリ制約引数は、まだ作成されていない管理対象リソースのIDなど、構成が適用されるまで決定できない値を参照する場合があります。この場合、DataSourcesからの読み取りは適用フェーズまで延期され、構成の他の場所でのDataSourcesの結果への参照は、構成が適用されるまで不明になります。

Input Variables

　入力変数は構成をカスタマイズするために割り当てることができる値を定義することにより柔軟に構成することができます。Terraformの入力変数は、`plan`、`apply`、`destroy`などのTerraformの実行中に値を変更しません。代わりに、構成ファイルを手動で編集するのではなく、実行を開始する前に、任意の設定値を割り当てることでインフラストラクチャを簡単に構築できるようになります。

⊪ パラメーター化する

　変数宣言はどの構成ファイルでも設定可能ですが、カスタマイズ方法を理解しやすくするために `variables.tf` といったファイル名にすることをおすすめします。

　`variable` ブロックには3つのオプションがあります。

- default
- description
- type

　すべての変数に説明の記載とタイプを設定し、デフォルト値を設定することをおすすめします。もし変数にデフォルト値がない場合は、Terraformが構成を適用する前に値の入力を求められます。しかし、コードの書き方を工夫しておかなければ、それこそ「ゴミ」として扱われることになるでしょう。

```
variable "aws_region" {
  description = "AWS region"
  type        = string
  default     = "us-west-2"
}
```

⊪ default

　変数宣言には `default` 引数を含めることができます。存在する場合、変数はオプションであると見なされ、モジュールの呼び出し時またはTerraformの実行時に値が設定されていない場合は、デフォルト値が使用されます。 `default` 引数には、リテラル値を必要とし、コンフィギュレーション内の他のオブジェクトを参照することはできません。

⊪ description

　`description` 引数を使用すると、各変数の目的を簡単に説明ができます。運用オペレーションの理想として、IaCでインフラの構成を記述しておけば誰にでもわかり、そして修正も容易な状態を想像するかと思います。担当者が1人の時点ではどのような形で書いても問題となることは少ないでしょう。しかし、案件を複数人で進めるようになると「俺の世界」に閉じこもっていては使いにくいコードのみが増えていくだけで誰も幸せになれません。

▌▌▌ type制約

type 制約はオプションですが、指定することをおすすめします。これらは、ユーザーに役立つリマインダーとして機能し、間違ったタイプが使用された場合にTerraformがエラーメッセージを返します。

指定できるキーワードは次の通りです。

- string
- number
- bool

また、下記のtype constructorsを指定することもできます。

- list(<TYPE>)
- set(<TYPE>)
- map(<TYPE>)
- object({<ATTR NAME> = <TYPE>, ... })
- tuple([<TYPE>, ...])

▌▌▌ カスタム変数の検証

validation ブロックを含めることで、文字制限と文字セットを適用するための変数を検証することができます。たとえば、AWS ELBやAmazon OpenSearch Serviceなど、命名制限があるものに含まれていると役立ちます。

```
variable "resource_tags" {
  type        = string
  default     = "example"

  validation {
    condition   =
    length(var.resource_tags) <= 32 &&
    length(regexall("[^a-z0-9-]", var.resource_tags)) == 0

    error_message =
    "The name tags should be no more than 32 characters long
    and use only lowercase letters, numbers, and hyphens."
  }
}
```

※実際のコードでは、「condition」と「error_message」を1行で記述してください。

```
|  Error: Invalid value for variable
|
|   on vat.tf line 1:
|    1: variable "resource_tags" {
|
|  The name tag must be no more than 32 characters, and only contain letters, numbers,
and hyphens.
|
|  This was checked by the validation rule at vat.tf:6,3-13.
```

このようにして、ロードバランサー名の最大長である32文字を超えることはなく、無効な文字が含まれることもありません。カスタム変数の **validation** ブロックを使用することはエラーを早期にキャッチするためのよい方法です。

sensitiveな入力変数の保護

多くの場合、パスワードやAPIトークンなどの機密情報を使用して、インフラストラクチャを構成する必要があります。その際、CLI出力、ログ出力、またはソース管理でこのデータが誤って公開されないようにする必要があります。Terraformは、機密データを誤って公開しないようにするためのいくつかの機能があります。

sensitive の設定を **true** にすると、Terraformが **plan** または **apply** の出力にその値を表示できなくなります。ただし、stateファイルには記録されるため、stateデータにアクセスできる人であれば誰でも参照可能です。

ドキュメントには **sensitive** の使用を推奨していることが記載されていますが、Terraform 0.15からはデフォルトで保護されるようになっています。

```
resource "aws_db_instance" "mydb" {
    password = var.db_password.password
    ...
}

variable "db_password" {
  description = "Database administrator password"
  type       = string
  password   = xxxxxxx
}
```

```
Terraform used the selected providers to generate the following execution plan. Resource
actions are indicated with the following symbols:
  + create

Terraform will perform the following actions:

  # aws_db_instance.default will be created

+ password                              = (sensitive value)
```

SECTION-017

Local Values

　Local Valuesはローカル変数が定義できます。Local Valuesの主な利点は、特定の1つの場所で値を簡単に変更、管理できることです。構文内で同じ値または式を複数回繰り返さないようにするのに役立ちますが、使いすぎると将来メンテナンスするとき、新しいメンバーが構成を読みにくいと感じる可能性があります。

■ ローカル値の宣言

　単一の **locals** ブロックで一緒に宣言できます。

```
locals {
  common_tags = {
  name_header = "example"
  env         = "prd"
  }
}

resource "aws_instance" "example" {
  # ...

  tags = local.common_tags
}
```

Output Values

Output ValuesはTerraformで作成されたリソース情報を出力することができます。出力するには、**output** ブロックを作成し、**terraform apply** を実行することで特定の値を出力できます。

Output Valuesは、Terraform構成ファイルのどこにでも宣言できます。ただ、ユーザーがどの場所に設定しているかわかりやすいように、**outputs.tf** などのファイルすることをおすすめします。

```
resource "aws_instance" "server" {
  ami           = "ami-0404778e217f54308"
  instance_type = "t3.micro"
  tags = {
    Name       = "Server"
    managed_by = "terraform"
  }
}

output "instance_id" {
  value = aws_instance.server.id
}
```

```
aws_instance.server: Creating...
aws_instance.server: Still creating... [10s elapsed]
aws_instance.server: Creation complete after 14s [id=i-0ea12352ff92fac7c]

Apply complete! Resources: 1 added, 0 changed, 0 destroyed.

Outputs:

instance_id = "i-0ea12352ff92fac7c"
```

04 Terraformの構成要素

モジュールの概要

単一のTerraform構成ファイルまたはディレクトリの複雑さに制限はないため、単一のディレクトリで構成ファイルの書き込みと更新を継続することができます。ただし、そうすると、ある問題が発生する可能性があります。

Terraformモジュールとは

Terraformモジュールは、単一のディレクトリにあるTerraform構成ファイルのセットです。1つ以上のtfファイルを含む単一のディレクトリで構成される単純な構成でさえモジュールです。このようなディレクトリから `terraform` コマンドを直接実行すると、ルートモジュールと見なされます。したがって、この意味で、すべてのTerraform構成はモジュールの一部です。次のようなTerraform構成ファイルの単純なセットがある場合があります。

◉モジュール化前

```
.
├── alb.tf
├── ec2.tf
├── local.tf
├── main.tf
├── provider.tf
├── rds.tf
├── variables.tf
├── version.tf
└── vpc.tf
```

◉モジュール化後

```
.
├── envs
│   ├── local.tf
│   ├── main.tf
│   ├── provider.tf
│   └── version.tf
└── modules
    └── system
        ├── alb.tf
        ├── ec2.tf
        ├── rds.tf
        ├── variables.tf
        └── vpc.tf
```

▐▐ モジュールの呼び出し

`terraform` コマンドは、通常は現在の作業ディレクトリである1つのディレクトリ内の構成ファイルのみを直接、使用します。ただし、**module** ブロックを使用すると、他のディレクトリのモジュールを呼び出すことができます。Terraformは、**module** ブロックを検出すると、そのモジュールの構成ファイルをロードして処理します。

▐▐ ローカルおよびリモートモジュール

モジュールは、ローカルファイルシステムまたはリモートソースからロードできます。Terraformは、Terraformレジストリ、バージョン管理システム、HTTP URL、Terraform Cloud、Terraformプライベートモジュールレジストリなど、さまざまなリモートソースをサポートしています。

▐▐ レジストリのモジュールを使用する

Terraform Registryは対応したテンプレートなどを公開するためのサイトです。

● Terraform Registry
  URL https://registry.terraform.io/

モジュールは主要なクラウドプロバイダなどから提供されてHashiCorpによって検証された**Verifiedモジュール**と、コミュニティによって登録されて公開される**Communityモジュール**があります。

Terraform Registryはモジュールの開発者や利用者にとって課題を解決するものです。開発者にとってはモジュール公開、バージョン、共有の中心です。利用者にとっては、検索、利用、協力の中心となるでしょう。

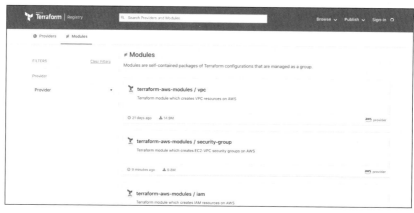

使用したいモジュールが見つかったら、プロビジョニング手順のコードを構成にコピー、インポートします。モジュールに必要な変数がある場合は、コードブロックにそれらを追加する必要があります。レジストリ内のモジュールを表示する場合、「Inputs」セクションで必要な変数のリストを表示できます。その後、`terraform init` を実行してインポートプロセスを完了することができます。

●VPCリソースを作成する場合

```
module "vpc" {
  source  = "terraform-aws-modules/vpc/aws"
  version = "3.11.0"
  # insert the 21 required variables here
}
```

```
$ terraform init
Initializing modules...
Downloading terraform-aws-modules/vpc/aws 3.11.0 for vpc...
- vpc in .terraform/modules/vpc

Initializing the backend...

Initializing provider plugins...
- Reusing previous version of hashicorp/aws from the dependency lock file
- Installing hashicorp/aws v3.66.0...
- Installed hashicorp/aws v3.66.0 (signed by HashiCorp)

Terraform has been successfully initialized!

You may now begin working with Terraform. Try running "terraform plan" to see
any changes that are required for your infrastructure. All Terraform commands
should now work.

If you ever set or change modules or backend configuration for Terraform,
rerun this command to reinitialize your working directory. If you forget, other
commands will detect it and remind you to do so if necessary.
```

▌モジュールを利用する際の注意点

モジュールを利用する場合、他の部分に意図しない変更が生じる可能性があるため、構成の更新はよりリスクが高くなります。また、個別の開発/ステージング/本番環境を構成する場合など、同様の構成ブロックの重複が増加し、構成のこれらの部分を更新する際の負担が増大します。

その他に、プロジェクトとチーム間で構成の一部を共有したい場合は、プロジェクト間で構成のブロックを切り取って貼り付けると、エラーが発生しやすく保守が難しいという問題もあります。

そのため、モジュールを利用する場合は、構成ファイルの理解とチームへの説明が必要です。

||| モジュールのベストプラクティス

まず、モジュールを念頭に置いて構成の作成を開始します。1人で管理する適度に複雑な Terraform構成の場合でも、モジュールを使用する利点は、モジュールを適切に使用するのにかかる時間よりも重要です。

ローカルモジュールを使用して、コードを整理およびカプセル化します。リモートモジュールを使用または公開していない場合でも、最初からモジュールの観点から構成を整理すると、インフラストラクチャが複雑になるにつれて構成を維持および更新する負担が大幅に軽減されます。

公開されているTerraformレジストリを使用して、役立つモジュールを見つけてください。一般的なインフラストラクチャシナリオを実装するために他の人の作業に依存することにより、構成をより迅速かつ自信を持って実装できます。

モジュールを公開してチームと共有します。ほとんどのインフラストラクチャは人のチームによって管理されており、モジュールはチームが協力してインフラストラクチャを作成および維持するための重要な方法です。前述のように、モジュールは公開または非公開で公開できます。

Workspace

Workspaceは同一のtfファイル群を別のtfstateとして扱うことができる機能です。

具体的には、Workspaceを指定すると、複数のstateファイルを管理できるようになるため、ディレクトリを分けなくても環境の管理が行えるようになります。

●Workspace

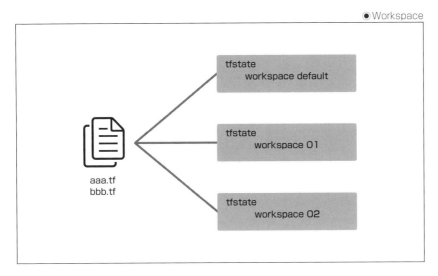

||| Workspaceを使用する

Terraformは、**default** という名前の単一のWorkspaceから始まります。このWorkspaceは、デフォルトであり、削除できません。一般的な使用例は、命名またはタグ付け動作の一部としてWorkspace名を使用することです。

なお、このTerraform CLIのWorkspaceの概念は、Terraform CloudのWorkspaceの概念とは異なりますが、関連しています。

${terraform.workspace}** 補間シーケンスは、TerraformCloudのWorkspaceに対してリモート操作を実行するTerraform構成から削除する必要があります。その理由は、Terraform Cloudの各Workspace は、現在、内部的に単一のデフォルトのTerraform CLIのWorkspaceのみを使用しているからです。つまり、Terraformの設定で **${terraform.workspace} を使用して **dev** または **prod** を返す場合、Terraform Cloudでのリモート操作は、**terraform workspace select** コマンドで設定したワークスペースに関係なく、常にデフォルトとして評価されます。

▶ Workspaceの作成

`terraform workspace new <name>` を実行して、Workspaceを作成することができます。

```
$ terraform workspace new test
Created and switched to workspace "test"!

You're now on a new, empty workspace. Workspaces isolate their state,
so if you run "terraform plan" Terraform will not see any existing state
for this configuration.
```

▶ Workspaceのリスト表示

`terraform workspace list` を実行して、作成したWorkspaceの一覧を表示します。 `*` は選択中のWorkspaceを表しています。

```
$ terraform workspace list
* default
  test
```

▶ Workspaceの選択

`terraform workspace select <name>` を実行して、作成したWorkspaceを選択します。成功すれば特にメッセージは表示されません。

```
$ terraform workspace select test
```

▶ 選択中のWorkspaceの表示

`terraform workspace show` を実行して、現在作業中の環境を確認することができます。

```
$ terraform workspace show
test
```

▶ Workspaceの削除

`terraform workspace delete <name>` を実行して、Workspaceを削除できます。このとき、選択中のworkspaceを対象にするとエラーになります。そのため、別のWorkspaceに切り替えてから実行しましょう。

```
Workspace "test" is your active workspace.

You cannot delete the currently active workspace. Please switch
to another workspace and try again.
```

Workspaceの削除に成功すると次のようなメッセージが表示されます。

```
$ terraform workspace delete test
Deleted workspace "test"!
```

⫿ 実運用との相性

複数のWorkspaceを使用する場合についてドキュメントから一部抜粋して解説します。

すべて同じインフラストラクチャの複数環境を構築するときがあっても、異なる開発段階や異なる社内チームに提供するとなると、認証情報やアクセス制御がことなることがあります。名前付きのWorkspaceは、本番と検証環境のようなシナリオに適したメカニズムでないため、公式で言及されている通り、完全なテスト用として使用した方がよいでしょう。

- State: Workspaces - Terraform by HashiCorp
  - URL https://www.terraform.io/docs/language/state/workspaces.html

▶ Workspaceは何のためにあるのか

Workspaceは何のためにあるのか、公式ドキュメントから引用しておきます。

A common use for multiple workspaces is to create a parallel, distinct copy of a set of infrastructure in order to test a set of changes before modifying the main production infrastructure. For example, a developer working on a complex set of infrastructure changes might create a new temporary workspace in order to freely experiment with changes without affecting the default workspace.

（複数のワークスペースを使用する一般的な方法は、本番のインフラを変更する前に一連の変更をテストするために、一連のインフラの別個のコピーを並行して作成することです。たとえば、複雑なインフラの変更を行う開発者は、新しく一時的なワークスペースを作成して、デフォルトのワークスペースに影響を与えずに自由に変更を試すことができます。）

▶ Workspaceはstg/prdの切り替えに使うべきではない

また、公式ドキュメントではWorkspaceはstg/prdの切り替えに使うべきではないという記載もあります。

In particular, organizations commonly want to create a strong separation between multiple deployments of the same infrastructure serving different development stages (e.g. staging vs. production) or different internal teams. In this case, the backend used for each deployment often belongs to that deployment, with different credentials and access controls. Named workspaces are not a suitable isolation mechanism for this scenario.

（組織は同じインフラストラクチャの複数のデプロイメントを、異なる開発段階（ステージングとプロダクションなど）や他の社内チームに提供するために、分離させたいと考えるのが一般的です。このような場合、各デプロイメントで使用されるバックエンドは、そのデプロイメントに属していることが多く、異なる認証情報やアクセス制御が必要になります。名前付きワークスペースは、このシナリオに適した分離メカニズムではありません。）

SECTION-021

Import

Terraformは既存のインフラストラクチャをインポートできます。これにより、他の方法で作成したリソースをTerraform管理下に置くことができます。ただし、`terraform import` の現在の実装では、リソースをstateのみインポートされ直接的なリソースは生成されません。このため、`terraform import` を実行する前後で、インポートされたオブジェクトを `resource` ブロックに手動で書き込む必要があります。既存のインフラストラクチャをTerraformの管理下に置くには、次の5つステップが必要です。

1 インポートする既存のインフラストラクチャを特定する。

2 インフラストラクチャをTerraform Sstateにインポートする。

3 そのインフラストラクチャに一致するTerraform構成を記述する。

4 「terraform plan」コマンドで確認して、構成が予想される状態と実際のインフラストラクチャが一致していることを確認する。

5 構成を適用して、stateを更新する。

●Terraform管理下の流れ

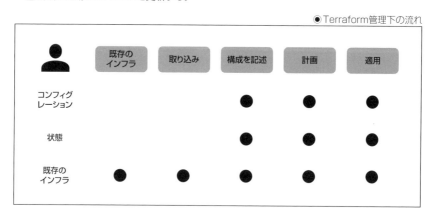

リソースへのインポート

識別子は対象のリソースによって変わります。NameやID、ARNなどさまざまなので、プロバイダーのドキュメントを参照して判断するとよいでしょう。また、`import` コマンド実行の前に、ルートモジュールでその構成を作成する必要があります。インポート後、必要なリソース情報が何か確認しやすい方法は、`terraform state show <xxx>.<xxx>` を実行すると正確に把握することができます。

指定したtfファイル上のリソースに対して既存リソースの情報がインポートされるため、`import` するときは `aws_vpc.vpc` のようにあらかじめリソースの種類と名前を指定して記述します。

```
$ terraform import aws_vpc.vpc vpc-xxxxxxxxx
Error: resource address "aws_vpc.vpc" does not exist in the configuration.

Before importing this resource, please create its configuration in the root module. For
example:

resource "aws_vpc" "vpc" {
  # (resource arguments)
}
```

```
$ terraform import aws_vpc.vpc vpc-xxxxxxxxx
aws_vpc.vpc: Importing from ID "vpc-xxxxxxxxx"...
aws_vpc.vpc: Import prepared!
  Prepared aws_vpc for import
aws_vpc.vpc: Refreshing state... [id=vpc-xxxxxxxxx]

Import successful!

The resources that were imported are shown above. These resources are now in
your Terraform state and will henceforth be managed by Terraform.
```

モジュールへのインポート

次の例では、モジュール化されたリソースでインポートします。

```
$ terraform import module.foo.aws_instance.bar i-abcd1234
```

countで構成されたリソースへのインポート

count で構成されたリソースでインポートします。

```
$ terraform import 'aws_instance.baz[0]' i-abcd1234
```

for_eachで構成されたリソースへのインポート

for_each で構成されたリソースでインポートします。

```
### リソースの定義をする

locals {
  ec2_name = {
    example1 = {
      instance_type = "t3.micro"
      ami           = "ami-xxxxxxxxx"
    },
    example2 = {
      instance_type = "t2.micro"
```

▼

97

```
    ami         = "ami-xxxxxxxxxx"                                    ▼
   }
  }
 }


resource "aws_instance" "baz" {
  for_each        = local.ec2_name
}
```

インスタンスIDを確認したのち、実際に **import** コマンドを実行します。 **for_each** のリソースは **リソースの種類.リソース名["配列名"]** なので、次のように表すことができます。

```
###Linux、macOS、およびUNIX
$ terraform import 'aws_instance.baz["example1"]' i-abcd1234
$ terraform import 'aws_instance.baz["example2"]' i-abcd1234


###PowerShell
$ terraform import 'aws_instance.baz[\"example1\"]' i-abcd1234
$ terraform import 'aws_instance.baz[\"example2\"]' i-abcd1234



###Windows cmd.exe
$ terraform import aws_instance.baz[\"example1\"] i-abcd1234
$ terraform import aws_instance.baz[\"example2\"] i-abcd1234
```

tfstate管理

Terraformは、管理対象のインフラストラクチャと構成に関する状態を保存する必要があります。この状態は、Terraformが実際のリソースを構成にマッピングし、メタデータを追跡し、大規模なインフラストラクチャのパフォーマンスを向上させるために使用されます。このstateファイルは、初期化したときにデフォルトで `terraform.tfstate` という名前で作成されます。

Terraform stateの主な目的は、リモートシステム内のオブジェクトと、構成で宣言されたリソースインスタンスとの間のバインディングを格納することです。Terraformは、構成の変更に応じてリモートオブジェクトを作成すると、特定のリソースインスタンスに対するそのリモートオブジェクトのIDを記録し、将来の構成の変更に応じてそのオブジェクトを更新または削除する可能性があります。

`.tfstate` ファイルはTerraformを管理するためのファイルで、現状の構成を記録するためにあります。はじめはなんとなく `plan` や `apply` が実行できて構築でばいいと思うかもしれませんが、その考えはチュートリアルのみにしましょう。プロジェクトでは、state構造は考えるべきです。検証環境、本番環境、リソース別にするかなど検討が必要なポイントはさまざまです。

管理の種類

管理の種類にはLocal管理とBackend管理の2つがあります。

▶Local管理

ローカルマシンからインフラストラクチャを構築、変更、破棄する方法は、個人のテストや開発環境にはよいですが、本番環境には向いていません。ローカルマシン以外の場所にstateファイルを保存することをおすすめします。これを行う最善の方法は、stateへの共有アクセス権を持つリモート環境でTerraformを実行することです。

●Local管理

▶ Backend管理

Terraformはリモートバックエンドと呼ばれる機能を備え、チームのすべてのメンバー間で共有することができます。リモートバックエンドによりリモートデータストアにstateを書き込みます。保存先はTerraform Cloud、Amazon S3などがサポートされています。

リモート状態により、バージョン管理が容易になり、保存場所が安全になります。また、出力を他のチームに委任することもできます。これにより、インフラストラクチャを複数のチームがアクセスできるコンポーネントを簡単に分解できます。

●Backend管理

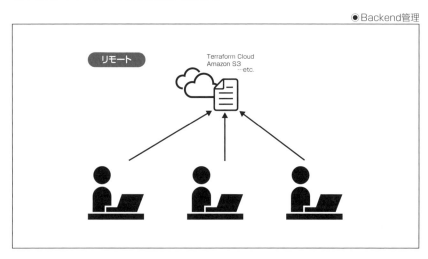

S3バックエンドを使用する

前提としてAWS IAMアクセス許可が必要です。下記の **terraform** ブロックのように、**backend** の指定と、**bucket** 、**key** 、**region** の指定が必要です。

- s3:ListBucket
- s3:GetObject
- s3:PutObject

```
terraform {
  backend "s3" {
    bucket = "tfstate"
    key    = "production/xxxxx/terraform.tfstate"
    region = "ap-northeast-1"
  }
}
```

また、**terraform_remote_state** を設定することで、DataSourcesを使った呼び出しを行うことができます。

```
data "terraform_remote_state" "vpc" {
  backend = "s3"

  config = {
    bucket = "tfstate"
    key    = "production/xxxxx/terraform.tfstate"
    region = "ap-northeast-1"
  }
}
```

▶ stateファイルをローカルからリモートに移行する

stateファイルをローカルで管理している場合、次のようになっていると思います。

```
terraform {
  required_version = "> 1.0"
  backend "local" {
    path = "terraform.tfstate"
  }
}
```

この状態からS3Backendに移行する場合は4つの手順があります。

■1 S3バケット、フォルダを作成する「resource」ブロックを追加する。

■2 バックエンドを指定した「terraform」ブロックに変更する。

■3 「terraform init -reconfigure」を実行する。

■4 移行が成功したらローカルにある「.tfstate」ファイルを削除する。

```
Initializing the backend...
Do you want to copy existing state to the new backend?
  Pre-existing state was found while migrating the previous "local" backend to the
  newly configured "s3" backend. No existing state was found in the newly
  configured "s3" backend. Do you want to copy this state to the new "s3"
  backend? Enter "yes" to copy and "no" to start with an empty state.


  Enter a value: yes



Successfully configured the backend "s3"! Terraform will automatically
use this backend unless the backend configuration changes.

Initializing provider plugins...
- Reusing previous version of hashicorp/aws from the dependency lock file
- Using previously-installed hashicorp/aws v3.47.0

Terraform has been successfully initialized!

You may now begin working with Terraform. Try running "terraform plan" to see
```

```
any changes that are required for your infrastructure. All Terraform commands
should now work.

If you ever set or change modules or backend configuration for Terraform,
rerun this command to reinitialize your working directory. If you forget, other
commands will detect it and remind you to do so if necessary.
```

`terraform init` を実行した場合、次のメッセージが表示されます。この動作の違いについて説明します。

```
If you wish to attempt automatic migration of the state, use "terraform init -migrate-
state".
```

このオプションを使用すると、ローカルにあるstateファイルをバックエンドにコピーします。ローカルでstateファイル、state情報は残った状態になります。

```
If you wish to store the current configuration with no changes to the state, use
"terraform init -reconfigure".
```

このオプションを使用するとローカルにあるstate情報をバックエンドに移行します。ローカルでstateファイルは残りますが、state情報がバックエンドに移行されます。

▶ state lock

1人でTerraformを操作する場合は問題ありませんが、複数人で `terraform apply` するシーンがあるとstateファイルにずれが生じ、想定外のリソース削除される可能性があります。それを防ぐためにオプションで**State Locking**という設定で対応することができます。

Dynamo DBで、たとえばテーブル「terraform-lock」の準備ができたら、既存の `terraform.tf` に次のコードを追加して、S3リモートバックエンドを使用したロックメカニズムとしてDynamoDBをセットアップできます。追加したら、`terraform init` を実行して、バックエンドがterraformで使用できるように適切に初期化されていることを確認する必要があります。

◉ロックなしの状態

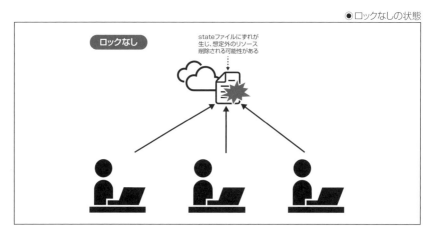

●ロックありの状態

```
terraform {
  required_version = "> 0.12"

  backend "s3" {
    bucket = "tfstate"
    key    = "production/xxxxx/terraform.tfstate"
    region = "ap-northeast-1"
    dynamodb_table = "terraform-lock"
  }
}


{
  "Version": "2012-10-17",
  "Statement": [
    {
      "Effect": "Allow",
      "Action": [
        "dynamodb:GetItem",
        "dynamodb:PutItem",
        "dynamodb:DeleteItem"
      ],
      "Resource": "arn:aws:dynamodb:*:*:table/mytable"
    }
  ]
}
```

　なお、state lockを使用している場合、TerraformにはDynamoDBテーブルに対する次のAWS IAMアクセス許可が必要です。

- パブリックアクセスのブロックをする

- バージョニング

- 暗号化

```
# Bucket
resource "aws_s3_bucket" "tfstate" {
  bucket        = "bucket_name"
  acl           = "private"
  force_destroy = false # 削除保護ONの場合 :false, OFFの場合 :true
  versioning {
    enabled = true
  }
  server_side_encryption_configuration {
    rule {
      apply_server_side_encryption_by_default {
        sse_algorithm = "AES256"
      }
    }
  }
  tags = {
    Name = "bucket_name"
  }
}

# Bucket Public Access Block
resource "aws_s3_bucket_public_access_block" "tfstate" {
  bucket = aws_s3_bucket.tfstate.bucket

  block_public_acls       = true
  block_public_policy      = true
  ignore_public_acls       = true
  restrict_public_buckets = true
}
```

▌更新専用モードを使用してTerraformの状態を同期する

以前のバージョンのTerraformでstateファイルを更新する方法は `terraform refresh` サブコマンドを使用することでした。この方法は安全性が低く、変更内容を確認するオプションを与えずに自動的に状態ファイルを上書きされてしまいます。

`terraform plan` および `terraform apply` の `-refresh-only` モードでは、stateファイルへの変更を確認することで、Terraformの状態を実際のインフラに照らし合わせてより安全に確認することができます。これにより、既存のリソースを誤ってステートから削除してしまうことを防ぎ、設定を修正することができます。

Terraformは将来のバージョンでも `refresh` サブコマンドをサポートされるようですが、非推奨としています。代わりに `-refresh-only` フラグを使用することをすすめています。

III Terraform管理下から外す方法

`terraform state list` を実行して、Terraformによって管理されているリソースを確認します。管理外にしたいリソースが見つかったらstateファイルを削除するオプションコマンドを実行します。

```
$ terraform state rm <リソースタイプ>.<リソース名>
```

III ドリフトの検出と管理

インフラストラクチャをコードとして管理する際の1つの課題はドリフトです。**ドリフト**とは実際のインフラストラクチャの状態が構成で定義された状態と異なる場合の用語で、リソースが終了または失敗した場合、および変更が手動または他の自動化ツールを介して行われた場合にドリフトが発生します。

Terraformは、Terraformで管理されていないリソースとそれに関連する属性のドリフトを検出できません。

▶ Terraformを使用して構成のドリフトを検出および管理する方法

Terraformはインフラストラクチャに関する情報をデフォルトでは `terraform.tfstate` に保存します。stateファイルは、少なくとも1つ完了するまで存在しません。stateファイルはTerraformに不可欠であり、次の機能を実行します。

- 設定で定義されたリソースを実環境のリソースにマッピングする
- 依存関係や依存順序などのリソースに関するメタデータを追跡する
- 非常に大規模なインフラストラクチャを管理する場合のパフォーマンスを向上させるために、リソース属性をキャッシュする
- チーム間のより良いコラボレーションを可能にする
- Terraformが管理するリソースを追跡し、同じ環境の他のリソースを無視する

stateファイルのフォーマットはJSON形式で、内部での使用のみを目的として設計されています。そのため、stateファイルを直接操作することはおすすめしません。代わりに、設定全体の現在の状態を表示するには `terraform show` または `terraform state show` を使用してください。

▶ 実環境のドリフトの調整

`plan` または `apply` の前にTerraformは `refresh` を実行しています。Terraformがここで行っているのは、stateファイルによって追跡されたリソースを実環境と調整することです。これは、インフラストラクチャプロバイダーにクエリを実行して、実際に実行されているものと現在の構成を確認し、この新しい情報でstateファイルを更新することによって行われます。Terraformは、他のツールや手動でプロビジョニングされたリソースと共存するように設計されているため、Terraform管理下にあるリソースのみを更新します。

refresh の出力は最小限です。Terraformは、更新する各リソースとその内部IDを一覧表示します。 refresh を実行してもインフラストラクチャは変更されませんが、stateファイルは変更されます。Terraformが最後に実行されたときからドリフトしている場合、更新により、そのドリフトを検出できます。

デフォルトでは、stateファイルが失われたり破損したりした場合に備えて、stateファイルのバックアップが terraform.tfstate.backup に書き込まれ、リカバリが簡素化されます。

▶ 必要な構成と実際の状態調整

stateファイルが最新の状態になったので、Terraformは、構成で定義された目的の状態を、既存のリソースの実際の状態と比較できます。この比較により、Terraformは、作成、変更、または破棄する必要のあるリソースを検出し、計画を作成できます。

AWSコンソールを使用してインスタンスのタグを手動で更新したあとの出力を確認できます。

たとえば、手動でタグの値を example から example-vpc に変更したとき、Terraformはドリフトを修正し、構成の値と一致するようにタグを変更しようとしています。

```
Terraform used the selected providers to generate the following execution plan. Resource
actions are indicated with the following symbols:
  ~ update in-place

Terraform will perform the following actions:

  # aws_vpc.example will be updated in-place
  ~ resource "aws_vpc" "example" {
      id                              = "vpc-abcdefg1234567890"
    ~ tags                            = {
        ~ "Name" = "example-vpc" -> "example"
      }
    ~ tags_all                        = {
        ~ "Name" = "example-vpc" -> "example"
      }
      # (14 unchanged attributes hidden)
  }

Plan: 0 to add, 1 to change, 0 to destroy.
```

リソースを更新することですべてのドリフトを修正できるわけではありません。たとえば、AWSコンソールを使用してインスタンスを手動で終了したあと、Terraformを実行すると、リソースを作成する動作になります。構成で指定されたリソースが存在しないことを検出したTerraformは、構成で指定された値を使用してそのリソースの新しいインスタンスを作成することがわかります。

```
$ terraform plan
aws_instance.foo: Refreshing state... [id=i-04fe6f2fe73d7e98c]

Note: Objects have changed outside of Terraform

Terraform detected the following changes made outside of Terraform since the last
"terraform apply":

  # aws_instance.foo has been deleted
  - resource "aws_instance" "foo" {
省略

Unless you have made equivalent changes to your configuration, or ignored the relevant
attributes using
ignore_changes, the following plan may include actions to undo or respond to these
changes.




Terraform used the selected providers to generate the following execution plan. Resource
actions are indicated
with the following symbols:
  + create

Terraform will perform the following actions:

  # aws_instance.foo will be created
  + resource "aws_instance" "foo" {

省略

Plan: 1 to add, 0 to change, 0 to destroy.
```

　更新できない属性で、存在するリソースでドリフトが発生するとTerraformはもとのリソース
を再作成する前に破棄します。

```
$ terraform plan
aws_instance.foo: Refreshing state... [id=i-0e8aa05cddc9c8f27]

Terraform used the selected providers to generate the following execution plan.
Resource actions are indicated
with the following symbols:
-/+ destroy and then create replacement
```

107

```
Terraform will perform the following actions:

  # aws_instance.foo must be replaced
-/+ resource "aws_instance" "foo" {
省略

Plan: 1 to add, 0 to change, 1 to destroy.
```

　構成を実際の状態と調整するために、Terraformは最初に構築された既存のリソースを破棄し、次に新しいリソースを再作成することがわかります。

CHAPTER 05

Monitoring as A Code(Datadog)

　クラウドネイティブなアーキテクチャでも、可観測性という意味で、監視は非常に重要です。監視と一言に言ってもさまざまなツールがありますが、ここではインフラストラクチャーの監視ツールとして広く使われているDatadogを例にしてモニタリング設定をコード化していく方法に触れていきます。

TerraformでDatadogのモニターを作成・管理する

クラウドネイティブアーキテクチャとはいえ、監視設定作業としては一般的にはWeb UIで行うものが多いです。Web UIで手作業による設定を行うと、インフラ構築作業と同様に監視システムの品質担保が難しくなります。サービスごとにアーキテクチャが異なると、監視項目も異なるため、一元的な管理は難しいものです。とはいえ最低限の信頼性を担保できるような仕組み作りができれば、より良い監視システムの運用ができるのではないでしょうか。

Datadogは公式でTerraformのProviderをメンテナンスしているため、モニタリングもコード化が可能です。

URL https://registry.terraform.io/providers/DataDog/datadog/lates

●Datadog公式のTerraformのProvider

■■■ なぜモニターもIaC化するのか

コード化することでアプリケーション開発の業務フローに寄せることができるため、さまざまなメリットがあります。モニタリングに関してIaC化するメリットは次の点が挙げられます。

- 誰がなんのために変更したのかよくわからない変更がある
- 誰かが誤って消してしまうと1から作り直す必要がある
- 監視項目の追加・削除があると誰かが設定しないといけない
- 1プロジェクトごとの通知先など、共通項目の一括変更によい
- テンプレートによる「.tf」ファイルからの展開などに優れる
- 運用保守品質向上につながる

▌▌ 用意するもの

本章の例を実行するため、次のものを用意しておきます。

- AWSアカウント
- リモートバックエンド 保存先のS3バケットを作成(任意)
- モニターを登録するorganizationに参加しているDatadogのアカウント
- TerraformでDatadogに関する操作をするために下記キーを発行する
  - APIキー(:datadog:のIntegrations -> API Keys)
  - APPキー(:datadog:のIntegrations -> Application Keys)
- Terraformを実行できる環境
- tfコード配置するリポジトリ

AWS Integration

DatadogとAWSの統合および対象のAWSアカウント内にIAMポリシーおよびIAMロールを作成します。

SAMPLE CODE aws_integration.tf

```
variable enable_datadog_aws_integration {
  description = "Use datadog provider to give datadog aws account access to our resources"
  type        = bool
  default     = true
}


variable aws_account_id {
  description = "datadog aws integration account id"
  type        = string
  default     = "aws_account_id"
}


variable filter_tags {
  description = "datadog integration filter tags"
  type        = list(string)
  default     = ["datadog:enabled"]
}


variable host_tags {
  description = "datadog integration host tags"
  type        = list(string)
  default     = ["aws_account_name"]
}


variable account_specific_namespace_rules {
  description = "account_specific_namespace_rules argument for datadog_integration_aws resource"
  type        = map
  default = {
  #   api_gateway: true,
  #   auto_scaling: true,
  #   rds: true,
  #   application_elb: true,
  #   network_elb: true,
  #   ec2: true,
  #   elasticache: true
  }
}
```

Monitoring as A Code(Datadog)

```
variable excluded_regions {
  description = "datadog integration excluded_regions"
  type         = list(string)
  default = [
#    "us-east-1",
#    "us-west-2"
  ]
}


resource "datadog_integration_aws" "datadog_aws_integration" {
  account_id                     = var.aws_account_id
  role_name                      = "DatadogAWSIntegrationRole"
  filter_tags                    = var.filter_tags
  host_tags                      = var.host_tags
  account_specific_namespace_rules = var.account_specific_namespace_rules
  excluded_regions               = var.excluded_regions
}
}


resource "aws_iam_role" "datadog_aws_integration" {
  name  = "DatadogAWSIntegrationRole"
  assume_role_policy = <<EOF
{
  "Version": "2012-10-17",
  "Statement": [
    {
      "Effect": "Allow",
      "Principal": {
        "AWS": "arn:aws:iam::464622532012:root"
      },
      "Action": "sts:AssumeRole",
      "Condition": {
        "StringEquals": {
          "sts:ExternalId": "${datadog_integration_aws.datadog_aws_integration.external_id}"
        }
      }
    }
  ]
}
EOF
}


resource "aws_iam_role_policy_attachment" "datadog_aws_integration" {
  role       = aws_iam_role.datadog_aws_integration.name
  policy_arn = aws_iam_policy.datadog_aws_integration.arn
}
```

```
resource "aws_iam_policy" "datadog_aws_integration" {
  name        = "DatadogAWSIntegrationPolicy"
  path        = "/"
  description = "This IAM policy allows for datadog integration permissions"

  policy = <<EOF
{
  "Version": "2012-10-17",
  "Statement": [
    {
      "Action": [
        "apigateway:GET",
        ...
        "xray:GetTraceSummaries"
      ],
      "Effect": "Allow",
      "Resource": "*"
    }
  ]
}
EOF
}
```

05 Monitoring as A Code(Datadog)

モニター作成

　ここではec2、rds、elbなどのよく利用するAWSリソースに対する監視設定を例に解説していきます。

▊▊ モニター定義

　モニターを1つの ***.tf** で定義せず、AWSのサービス単位などで分けた管理にすると確認がしやすくなります。

　Provider指定をdatadogにし、**terraform init** します。

SAMPLE CODE provider.tf

```
terraform {
  required_providers {
    datadog = {
      source = "DataDog/datadog"
      version = "3.6.0"
    }
  }
}

provider "datadog" {
  # Configuration options
}
```

　モニター設定は次のようなファイル名で **.tf** を作成します。

```
.
├──── ec2.tf
├──── ec2_process.tf
├──── elb.tf
├──── http-certificate.tf
├──── message.tf
├──── myproject.tfvars
├──── notify.tpl
├──── provider.tf
├──── rds.tf
└──── variables.tf
```

作成できるモニタータイプ

Terraformからすべてのモニターを作成できるわけではありません。対応している **type** については、Terraformレジストリにある「datadog_monitor（Resource）」を参照してください。

> **URL** https://registry.terraform.io/providers/DataDog/datadog/
> latest/docs/resources/monitor

> **URL** https://docs.datadoghq.com/ja/api/v1/monitors/#create-a-monitor

なお、モニター作成をするときに関連しているモニタータイプは次の通りです。

- anomaly（query alert）
- APM（query alert or trace-analytics alert）
- Composite（composite）
- custom（service check）
- event（event alert）
- forecast（query alert）
- host（service check）
- integration（query alert or service check）
- live process（process alert）
- logs（logs alert）
- metric（metric alert）
- network（service check）
- outlier（query alert）
- process（service query）
- rum（rum alert）
- SLO（slo alert）
- watchdog（event alert）
- event-v2（event-v2 alert）

簡単な監視リソースの作成

任意のディレクトリで **ec2.tf** を作成します。

ここでもリソースタイプはパターンがあります。 **provider_name** 、**resource** の場合、タイプは **datadog_monitor** です。リソース名は任意ですが、Terraformテンプレート内でリソースを一意に識別するのに役立つため、Datadog名を付けるとよいでしょう。

SAMPLE CODE ec2.tf

```
resource "datadog_monitor" "cpu" {

}
```

「メトリックアラート」タイプのモニターを作成するには下記の **plan** の結果にもあるように最低、次の4つのフィールドが必要です。

- name
- type
- query
- message

```
| Error: Missing required argument
|
|   on ec2.tf line 1, in resource "datadog_monitor" "cpu":
|    1: resource "datadog_monitor" "cpu" {
|
| The argument "type" is required, but no definition was found.


| Error: Missing required argument
|
|   on ec2.tf line 1, in resource "datadog_monitor" "cpu":
|    1: resource "datadog_monitor" "cpu" {
|
| The argument "name" is required, but no definition was found.


| Error: Missing required argument
|
|   on ec2.tf line 1, in resource "datadog_monitor" "cpu":
|    1: resource "datadog_monitor" "cpu" {
|
| The argument "query" is required, but no definition was found.


| Error: Missing required argument
|
|   on ec2.tf line 1, in resource "datadog_monitor" "cpu":
|    1: resource "datadog_monitor" "cpu" {
|
| The argument "message" is required, but no definition was found.
```

ブロックだけ書いた状態で **terraform plan** を実行すると、上記のエラーになることがわかります。エラー内容に従って4つのフィールドを埋めることで、実際にモニターを作成することができます。

SAMPLE CODE ec2.tf

```
resource "datadog_monitor" "cpu" {
  name = "cpu monitor"
  type = "metric alert"
  message = "CPU usage alert"
  query = "avg(last_1m):avg:system.cpu.system{*} by {host} > 60"
}
```

```
Terraform used the selected providers to generate the following execution plan. Resource
actions are indicated with the following symbols:
  + create

Terraform will perform the following actions:

  # datadog_monitor.cpu will be created
  + resource "datadog_monitor" "cpu" {
      + evaluation_delay    = (known after apply)
      + id                  = (known after apply)
      + include_tags        = true
      + message             = "CPU usage alert"
      + name                = "cpu monitor"
      + new_host_delay      = 300
      + notify_no_data      = false
      + query               = "avg(last_1m):avg:system.cpu.system{*} by {host} > 60"
      + require_full_window = true
      + type                = "metric alert"
    }

Plan: 1 to add, 0 to change, 0 to destroy.

Do you want to perform these actions?
  Terraform will perform the actions described above.
  Only 'yes' will be accepted to approve.

  Enter a value: yes

datadog_monitor.cpu: Creating...
datadog_monitor.cpu: Creation complete after 0s [id=55552290]

Apply complete! Resources: 1 added, 0 changed, 0 destroyed.
```

III 監視リソースの変更

次に、モニターにオプションのフィールドをいくつか追加して、Terraformがリソースを更新する方法を説明します。Datadogではcloudwatchのメトリクスのような数値的データをもとにした閾値監視を設定できます。メトリクスに関するアラート定義を**メトリックモニター**と呼びます。メトリックモニターでは段階的なしきい値を設定するのが一般的であるため、ブロックスタイルのフィールドでリソースにいくつかのしきい値を追加します。

`SAMPLE CODE` ec2.tf

```
resource "datadog_monitor" "cpu" {
  name = "cpu"
  type = "metric alert"
  message = "CPU usage alert"
  query = "avg(last_1m):avg:system.cpu.system{*} by {host} > 60"
  monitor_thresholds {
    critical = 60
  }
}
```

既存のリソースを変更しようとしていますが、これは特に本番環境では不都合が出る場合があります。すぐには適用せず **plan** の結果を見て、意図した変更になっているか確認します。

```
Terraform used the selected providers to generate the following execution plan. Resource
actions are indicated with the following symbols:
  ~ update in-place

Terraform will perform the following actions:

  # datadog_monitor.cpu will be updated in-place
  ~ resource "datadog_monitor" "cpu" {
        id                 = "55552290"
      ~ name               = "cpu monitor" -> "cpu"
        tags               = []
        # (18 unchanged attributes hidden)

      + monitor_thresholds {
          + critical = "60"
        }
    }

Plan: 0 to add, 1 to change, 0 to destroy.
```

```
Terraform used the selected providers to generate the following execution plan. Resource
actions are indicated with the following symbols:
  ~ update in-place

Terraform will perform the following actions:

  # datadog_monitor.cpu will be updated in-place
  ~ resource "datadog_monitor" "cpu" {
        id                       = "55552290"
      ~ name                     = "cpu monitor" -> "cpu"
        tags                     = []
        # (18 unchanged attributes hidden)

      + monitor_thresholds {
          + critical = "60"
        }
    }

Plan: 0 to add, 1 to change, 0 to destroy.

Do you want to perform these actions?
  Terraform will perform the actions described above.
  Only 'yes' will be accepted to approve.

  Enter a value: yes

datadog_monitor.cpu: Modifying... [id=55552290]
datadog_monitor.cpu: Modifications complete after 1s [id=55552290]

Apply complete! Resources: 0 added, 1 changed, 0 destroyed.
```

　もちろん、Datadogのモニターのページに新しいしきい値が表示されますが、Terraformで
モニター設定を確認してみます。

　ここには、設定していない属性を含む、モニターの属性の完全なリストが表示されます。
これらはデフォルト値に設定されていますが、これらのデフォルトはDatadog APIではなく、
Terraformプロバイダーによって適用されていることに注意してください。

　リソース宣言に欠落しているオプションフィールドについては、Terraformはそれらのフィール
ドを（独自のデフォルトを使用して）Datadog APIへのリクエストに挿入するため、Terraform
のデフォルトがプロバイダーのデフォルトと異なる場合があることに注意するようにしてください。

```
$ terraform show
# datadog_monitor.cpu:
resource "datadog_monitor" "cpu" {
    evaluation_delay     = 0
    id                   = "55552290"
    include_tags         = true
    locked               = false
    message              = "CPU usage alert"
    name                 = "cpu"
    new_group_delay      = 0
    new_host_delay       = 300
    no_data_timeframe    = 0
    notify_audit         = false
    notify_no_data       = false
    priority             = 0
    query                = "avg(last_1m):avg:system.cpu.system{*} by {host} > 60"
    renotify_interval    = 0
    renotify_occurrences = 0
    renotify_statuses    = []
    require_full_window  = true
    restricted_roles     = []
    tags                 = []
    timeout_h            = 0
    type                 = "metric alert"

    monitor_thresholds {
        critical = "60"
    }
}
```

■ メッセージと通知

アラートが通知されるときのメッセージと通知先の設定を1つの定型文として定義することもできます。

SAMPLE CODE message.tf

```
data "template_file" "message" {
  template = file("notify.tpl")

  vars = {
    slack_channel   = var.slack_channel
    pd_service      = var.pd_service
  }
}
```

SAMPLE CODE notify.tpl

```
# To 担当者

Message

ドキュメント: xxxxxxxxxxxxx

# Notified
@slack-${slack_channel}  {{^is_recovery}} @pagerduty-${pd_service}  {{/is_recovery}}
```

　.tpl はテンプレート(ひな形)として扱うことができます。ここでの notify.tpl は通知時のメッセージ内容を管理するテンプレートファイルです。

　各モニターで message を次のように変更します。その後、terraform apply をすることで更新されたことがわかります。

```
message           = data.template_file.message.rendered
```

```
Terraform used the selected providers to generate the following execution plan. Resource
actions are indicated with the following symbols:
  ~ update in-place

Terraform will perform the following actions:

  # datadog_monitor.cpu will be updated in-place
  ~ resource "datadog_monitor" "cpu" {
      id                    = "55552290"
    ~ message               = <<-EOT
        - CPU usage alert
        + # To 担当者
        +
        + Message
        +
        + ドキュメント: xxxxxxxxxxxxx
        +
        + # Notified
        + @slack-example  {{^is_recovery}} @pagerduty-example  {{/is_recovery}}
      EOT
      name                  = "cpu"
      tags                  = []
      # (17 unchanged attributes hidden)

      # (1 unchanged block hidden)
    }

Plan: 0 to add, 1 to change, 0 to destroy.
```

||| ミュート

リリース前や、メンテナンスするときなどミュートすることがあると思います。そのとき、Terraformを使用してミュート設定することもできます。

▶ダウンタイム

Datadogのダウンタイムを作成および管理することができます（細かな設定はTerraformのドキュメントを参照してください）。

`monitor_id` を指定することで、単一のモニターをミュートにすることができます。

```
resource "datadog_downtime" "foo" {
  scope = ["*"]
  monitor_id = 12345

  recurrence {
    type   = "days"
    period = 1
  }
}
```

`monitor_tags` で指定することでまとめでミュートにすることができます。この方法はモニター作成時にミュート状態にしたい場合やメンテナンスタイムを設定する場合におすすめです。

```
resource "datadog_downtime" "foo" {
  scope = ["*"]
  monitor_tags = foo

  recurrence {
    type   = "days"
    period = 1
  }
}
```

||| import

tfファイルを一から書くのは骨が折れることがあります。Web上でJSON形式のコードをコピーし手作業で修正する方法もありますが、スクリプト化して差分をなくす方法が楽です。

```
$ terraform import datadog_monitor.monitor1 <MonitorID>
```

01
02
03
04

05

Monitoring as A Code(Datadog)

06
07

123

05

●monitorIDが存在しない場合

```
datadog_monitor.monitor1: Importing from ID "5555229011"...

datadog_monitor.monitor1: Import prepared!

  Prepared datadog_monitor for import

datadog_monitor.monitor1: Refreshing state... [id=5555229011]


  | Error: Cannot import non-existent remote object
  |
  | While attempting to import an existing object to "datadog_monitor.monitor1", the
provider detected that no object exists with the given id. Only pre-existing objects
can be imported; check that the id
  | is correct and that it is associated with the provider's configured region or
endpoint, or use "terraform apply" to create a new remote object for this resource.
```

●monitorIDが存在する場合

```
datadog_monitor.monitor1: Importing from ID "55552290"...

datadog_monitor.monitor1: Import prepared!

  Prepared datadog_monitor for import

datadog_monitor.monitor1: Refreshing state... [id=55552290]


Import successful!


The resources that were imported are shown above. These resources are now in
your Terraform state and will henceforth be managed by Terraform.
```

||| windowsサービス

windowsサービスもTerraformでモニターを管理できます。windowsサービスの場合、GUIだとIntegrationからモニター作成となりますが、JSON形式を見ると **type** が **service check** になっています。モニター作成をするとき関連しているモニタータイプにある通り、**service check** が有効な指定になることがわかると思います。

```
Monitor JSON
{
  "id": 12345678,
  "name": "[xxxxx] check_service_W32Time: {{host.name_tag}}",
  "type": "service check",
  "query": "\"windows_service.state\".over(\"service:w32time\",\"example.example.com\").
           by(\"host\",\"service\").last(3).count_by_status()",
  "message": "# To 担当者\n\nMessage\n\nドキュメント: xxxxxxxxxxxxx\n\n#
           Notified\n@slack-example  {{^is_recovery}} @pagerduty-example  {{/is_recovery}}",
  "tags": [
    "example.example.com"
  ],
  "options": {
    "notify_audit": false,
```

▼

```
    "locked": false,
    "silenced": {},
    "include_tags": false,
    "no_data_timeframe": 10,
    "new_host_delay": 300,
    "require_full_window": false,
    "notify_no_data": false,
    "thresholds": {
      "critical": 2,
      "ok": 1
    }
  },
  "priority": null,
  "classification": "integration"
}
```

※実際のコードでは、「"query":」と「"message":」を1行で記述してください。

```
resource "datadog_monitor" "w32time" {
  name    = "[EC2] Windows: W32Time"
  type    = "service check"
  query   = "\"windows_service.state\".over(\"account\",\"service:w32time\").
            by(\"host\",\"service\").last(3).count_by_status()"
  message = data.template_file.message.rendered
  tags    = ["tag_name"]

  notify_audit = false
  locked       = false
  timeout_h    = 0

  include_tags = true
  thresholds = {
    warning  = 1
    ok       = 1
    critical = 2
  }
  new_host_delay    = 300
  notify_no_data    = false
  renotify_interval = 0
}
```

※実際のコードでは、「"query":」を1行で記述してください。

125

CHAPTER 06

Terraform Cloud

　本章ではチュートリアル形式でTerraform Cloudを使用したAWS環境の構成管理を行います。このチュートリアルでは、AWSでEC2インスタンスを起動するために必要な設定を行い、実際に起動・作成した環境を変更してみます。実際に操作することでTerraform Cloudを使用してプロビジョニング実行の履歴やtfstateの共有などを制御する方法を理解しましょう。

Terraform Cloudとは

Terraform Cloudは、チームがTerraformをうまく活用できるようにするHashiCorpのマネージドサービスです。Terraform Cloudがリリースされたことで、プロビジョニング実行の実行履歴やtfstateの共有などを制御することができるようになりました。

● Terraform Cloudの公式サイト

URL https://www.terraform.io/cloud

Terraform Cloudを開始するのは簡単です。まずはアカウントを作成してコンソールにログイン後、セットアップフローに従って進むことでセットアップが完了します。

▌▌▌アカウント登録

Terraform Cloudを使用できるようにアカウントを作成し、ログインします。

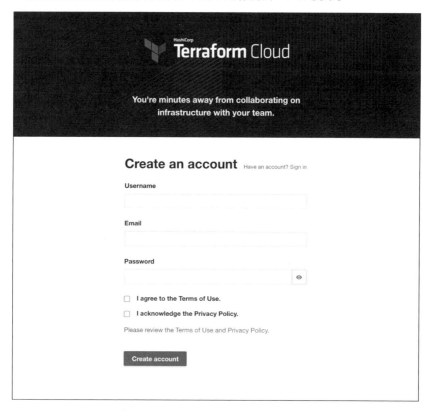

Organizationの作成

ログインすると、セットアップワークフローが表示されます。ここでは「Start from scratch」を選択します。以降は画面に従って登録を行ってください。なお、「Organization name」は世界で一意であるため、すでに取得されている場合があります。

Workspaceの作成

メインメニューから「New workspace」を選択します。その次に「Version control workflow」を選択し、任意のVCSを選択します。新しいウィンドウが開き、TerraformCloudがGitHubアカウントに接続することを求められるので、許可したいリポジトリを選択します。接続が完了すると「Configuration uploaded successfully」とTerraform Cloudコンソールに表示されます。

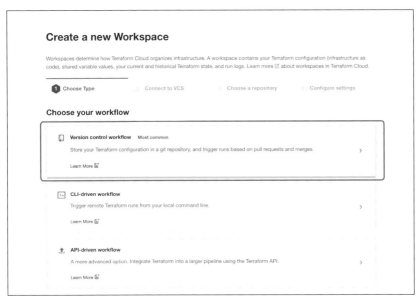

変数の設定

Terraform Cloudでは、Workspace固有の変数、または複数のWorkspaceで再利用できるVariable setsを使用して、入力変数と環境変数を定義できます。

▶ Workspace variables

Workspace固有の変数を定義します。ここでは「instance_type」などを設定することで、Terraformが構成から作成するインフラストラクチャをカスタマイズできます。

▶ Variable sets

Variable setsを利用すると、同じOrganization内の複数のWorkspaceに同じ変数を適用することができます。Variable setsの一般的な使用例の1つは、プロバイダーのクレデンシャルを定義することで、簡単に再利用ができ、効率的かつ安全にローテーションできます。ただし、現在はBeta版なため設定は避けます。

■ インフラストラクチャを作成する

構成ファイルを作成します。

version.tf にはTerraform、AWSプロバイダーなどのバージョン制約を定義します。

SAMPLE CODE version.tf

```
terraform {
  required_providers {
    aws = {
      source  = "hashicorp/aws"
      version = "~> 3.28.0"
    }
  }

  required_version = ">= 1.0.0"
}

provider "aws" {
  region = "ap-northeast-1"
}
```

variables.tf には入力変数を定義します。

SAMPLE CODE variables.tf

```
variable "instance_type" {
  description = "Type of EC2 instance to provision"
  default     = ""
}
```

ec2.tf には作成したいAWSリソースを定義します。

SAMPLE CODE ec2.tf

```
resource "aws_instance" "Server" {
  count = 1
  ami           = "ami-0757d9e44f1490914"
  instance_type = var.instance_type
  tags = {
    Name = "Server-${count.index}"
  }
}
```

06

Terraform Cloud

131

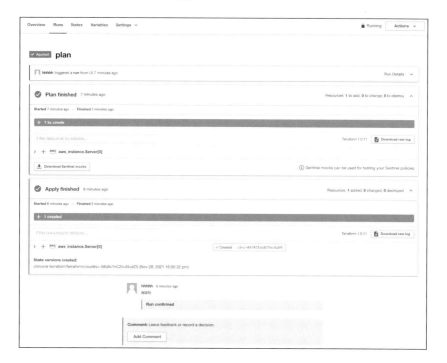

インフラストラクチャを変更する

　Terraform Cloudコンソールから変数のセクションで、「instance_type」を変更してみます。変更が完了したら先ほどと同様にplanを開始、問題なければapplyを実行します。

インフラストラクチャ/Workspaceを破壊する

インフラストラクチャやWorkspaceを破壊することもできます。

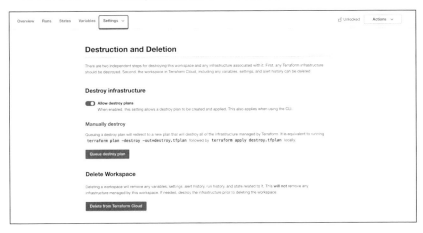

▶「Queuing a destroy plan」の実行

Workspaceによって管理されているすべてのインフラストラクチャを破棄します。

▶「Deleting a workspace」の実行

インフラストラクチャを破壊せず、Terraform CloudからWorkspaceを削除します。state ファイル、実行履歴なども削除されるため、この実行は注意して行ってください。

Terraformワークフロー

　チームでTerraformを実行するとき、単一障害点を回避するために責任と認識を共有する必要があります。理想としては、Terraformは一貫したリモート環境で実行され、stateファイルが共有されている状態が望ましいです。Terraform Cloudは、チームが管理しやすいワークフローを提供していて、既存のTerraformユーザーにとっても快適に操作、学習できるようになっています。ここではTerraform Cloudがリモート実行環境である前提で説明します。

Runs

　「Runs」タブは、Workspace内で実行したすべてのplanおよびapplyアクションのリストが表示されます。リストをクリックすると、そのとき、いつ誰が、何をしたのか確認することができます。

Status

「Status」タブは、Terraformは実行が成功するたびに新しくstateファイルが更新されます。Terraform Cloudを使用するとstateファイルの管理が行われ、変更されたタイミングと変更された内容を確認することができます。

なお、リモート実行の場合は明示的なバックエンド設定を必要としませんが、ローカルの場合はバックエンド構成および認証トークンが必要になります。

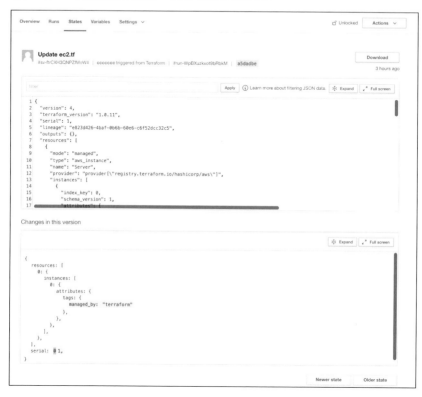

Variables(Workspace variablesとVariable sets)

「Variables」タブは、「Workspace variables」と「Variable sets」を設定できます。「Workspace variables」ではWorkspace固有の変数の定義ができ、「Variable sets」は同じOrganization内に登録・許可された変数を使用することができます。登録方法は145ページで説明します。

なお、「Variable sets」は執筆時はBeta版です。

Variables（Terraform変数と環境変数）

　「Variables」タブでは、Terraform変数と環境変数を構成することもできます。Terraform変数は構成にハードコーディングせずにパラメーターを定義する入力変数を指します。環境変数はプロバイダーの資格情報やその他のデータを格納するなどが例に挙げられます。

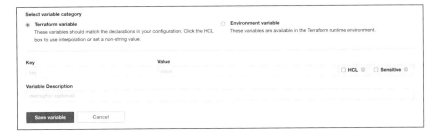

Setting

　「Setting」タブはWorkspace内の詳細な設定をすることができます。たとえば、通知設定やバージョン設定、Terraformの実行モードがあります。詳細は次節で説明します。

Workspace内の設定

Workspace内の設定について解説します。

||| General Settings

実行モードの選択でplan、applyをどの環境で実行するか選択できます。

モードは「リモート」、「ローカル」の2つあり、選択したモードによってバージョン指定や適用方法が変わってきます。

▶ 実行モード

「リモート」では、planとapplyはTerraform Cloud内で行われます。自身やチームメンバーはコンソール画面でレビューを行うことができます。

「ローカル」では、planとapplyは管理しているマシンで行われます。Terraform Cloudは、stateファイルの保存と同期にのみ使用され、変数やバージョン管理は管理しているマシンに依存します。

▶ 適用方法

適用方法は実行モードをリモートにしたときのみ設定できます。

「Auto apply」はplanが成功したときに変更を自動的に適用します。そのため、変更のないplanは適用されません。このWorkspaceがバージョン管理にリンクされている場合、リンクされたリポジトリのデフォルトのブランチへのプッシュはプランをトリガーして適用します。

「Manual apply」は、適用する前に、オペレータにplanの結果を確認するよう要求します。このWorkspaceがバージョン管理にリンクされている場合、リンクされたリポジトリのデフォルトブランチへのプッシュはプランをトリガーし確認を待つだけです。

Planが成功したとしても、Applyが失敗する可能性はあるので、筆者的には「Auto apply」はおすすめしません。「Manual apply」を選択し、複数人でplan結果のレビューで問題ないことを確認してからapplyを実行する流れがよいと考えます。

▶ バージョン

バージョンは実行モードをリモートにしたときのみ設定できます。

Workspaceが使用するTerraformのバージョンを選択できます。「最新」を選択すると自動的にアップグレードされ、最新のprovider状態を保つことができます。

▶ Terraformワーキングディレクトリ

Terraformコマンドを実行するディレクトリの設定箇所です。デフォルトは構成ディレクトリのルートですが、複数のTerraform構成に共有リポジトリを使用する場合はサブディレクトリに設定できます。

▶ Remote state sharing

Workspaceを組織内のWorkspace全体に共有するか、特定の承認済みWorkspaceと共有するかを選択できます。デフォルトでは、アクセスすることを許可しません。用途としてはDataSourceとして `terraform_remote_state` を呼び出したいときに設定します。

▌ Locking

何らかの理由でTerraformが実行されないようにする必要がある場合は、Workspaceをロックし、Terraformの実行を防ぐことができます。再度、実行を有効にするには、ユーザーがWorkspaceのロックを解除する必要があるため、本番環境へ誤適用などを防ぐことができます。また、[Action]ボタンから「Lock Workspace」の順にロックの有効化、無効化ができます。

▐▌▐ Notification

通知を有効にすると、実行イベントに基づいて他のアプリケーションにメッセージを送信できます。

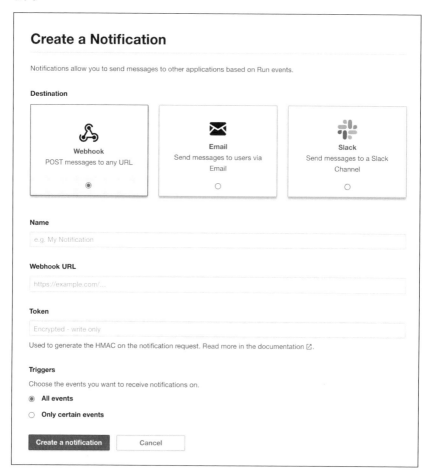

▐▌▐ Run Triggers

「Run Triggers」は `terraform_remote_state` にあるDataSourcesと組み合わせて使用すると、設定の更新をシームレスに管理することができます。

たとえば、ネットワークを管理するためのWorkspaceとアプリケーションを管理するためのWorkspaceがあるとき、「Run Triggers」を使用することで、ネットワークを管理するWorkspaceへの変更を、アプリケーションを管理するWorkspaceの適用ステップのplanに入れるように構成することができます。そうすることで、全体的な展開の戦略の一部としてパイプラインの設定ができます。

Workspace間でstateを共有する一般的な方法は、WorkSpace内の設定にある「Remote state sharing」を有効にするにし、`terraform_remote_state` として呼び出すことがです。

SSHキー

SSHキーはTerraform CloudのRegistryでのモジュールの使用ではなく、VCSのPrivate Repositoryを参照させたい場合に設定します。Private Repositoryを利用する場合の準備として、Terraform CloudにてSSH Keysで秘密鍵が必要です。SSHキーの作成はターミナル環境などで問題ありません。

Version Control

「バージョン管理」ページは、VCSリポジトリの接続先、実行トリガーを設定します。自動実行トリガーを有効にしたとき、対象のリポジトリ/ブランチが更新されると、planが実行されます。

Destruction and Deletion

インフラストラクチャの破壊とWorkspaceの削除に2パターンがあります。Workspaceを保持したままインフラストラクチャを破壊したいときは、「Queuing destroy plan」を実行します。この操作は「terraform destroy」と同じ役割です。

「Workspace」の削除は変数、設定、アラート履歴、実行履歴、およびstateがすべて削除されますが、インフラストラクチャは保持されます。そのため、環境を削除する際には手順に気を付けましょう。

Action

自動実行トリガーが無効状態なときなど、手動でplanを実行したときに使用します。右上の方にある「Action」「Start new plan」の順に実行することでplanが開始されます。このとき、複数人が同時にplan/applyができないよう自動的にstate lockされます。

‖ Registry

Organization内で独自のModuleやprovidersをTerraform Cloud上に保管することができます。これは組織全体、許可された組織間で共有したいときに役立ちます。具体的な方法はここでは取り上げませんが、HashiCorp社が公式でわかりやすくチュートリアルを公開しているので気になる方は試してみてください。

● Share Modules in the Private Module Registry

URL https://learn.hashicorp.com/tutorials/terraform/
module-private-registry?in=terraform/modules

ユーザー設定

ここではアカウント登録時に設定したい内容、知っておきたいことを説明します。

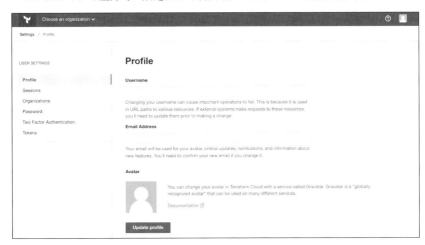

||| SessionsとTokens

Sessions管理のページでTerraform Cloudアカウントに関連付けられているセッション情報のリストが表示されます。セッション情報にはOS、ブラウザ、接続元のグローバルIPアドレスがあり、認識していないセッションを取り消すことができます。

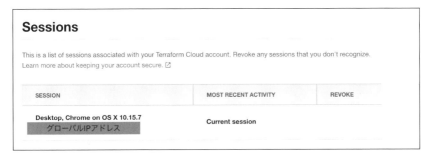

API Tokensを使用することでTerraform Cloudにアクセスすることができます。操作範囲はユーザーアカウントに付与されているすべてのアクションを実行できます。作成方法はTerraform Cloudコンソール画面から作成するか、`terraform login` コマンドを実行することで作成できます。

06

Terraform Cloud

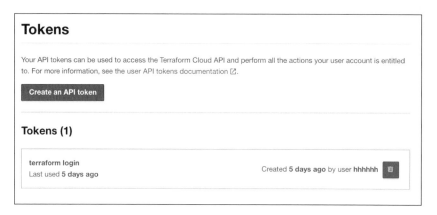

||| 二要素認証

　二要素認証を有効にすることで、ログイン時のセキュリティを高めることができます。Google Authenticatorなどを使用した方法、またはSMSを使用した2つの方法が選択できます。

Organization settings

ナビゲーションバーにある「Settings」リンクをクリックすると、Organizationの設定を表示、管理できます。

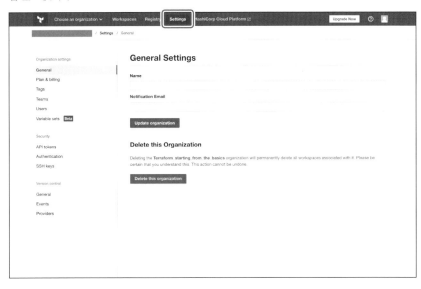

||| Variable sets

チュートリアルやTerraformワークフローにでてきたキーワードなので用途を理解できているかもしれませんが、ここでは実際の登録手順、選択手順を「AWS Credentials」を例に説明します。

Variable setsの中に複数の変数を持たせることができます。そのため、Variable setsの名前はわかりやすく、「AWS Credentials」といったようにするといいでしょう。

Configure Settings

General information to identify this variable set.

Name
Variable set name

```
AWS_ AWS Credentials
```

Description
Optional

```
AWS Credentials
```

　次に、「AWS Credentials」を使用できるWorkspaceを選択します。組織内のWorkspace
すべてに権限を付与することもできますが、最小権限に絞ることがベストプラクティスなので、
特定のWorkspaceのみに付与することをおすすめします。

　[+Add variable]ボタンをクリックし、「AWS_ACCESS_KEY_ID」と「AWS_SECRET_
ACCESS_KEY」を環境変数として追加します。

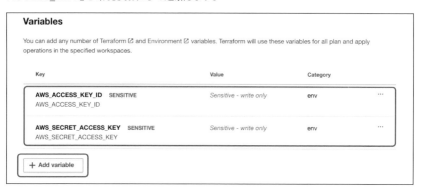

　Variable setsの追加の完了後、Workspace内で使用できるか確認します。これまで表示
されていなかったVariable setsの一覧があることが確認できます。

Terraform Cloud

CHAPTER 07

Tips

　運用現場においては1人で複数プロジェクトのインフラ構築に関わるケースや、複数人で1つの大きな構築プロジェクトに取り組むケースもあると思います。

　共通するTerraform運用上の課題はいくつかありますが、代表的な課題としては下記が挙げられると思います。

- terraformのバージョン管理
- ツール類のプロジェクト隔離
- 機密情報の取り扱い

　本章ではそのような課題の対策を踏まえた、実際の運用に活用できるTipsを紹介していきます。

tfenvを使ったTerraformのバージョン管理

　CHAPTER 02のチュートリアルでもバージョン管理を前提として説明しましたが、本節では、改めてtfenvというソフトウェアを使ってプロジェクトごとに利用するTerraformのバージョンを管理しつつ、切り替えを容易にする方法をより詳細に紹介します。

▌Terraformのバージョン管理の課題

　実際のプロジェクトとして複数人でTerraformを利用する場合、担当者同士でバージョンを揃えてTerraformを利用できるようにするのが好ましいです。Terraformのstate情報には最後に `apply` したTerraformの `version` が書き込まれており、一度、適用したバージョンより新しいバージョンでしか適用できなくなります。複数人で異なるTerraformのバージョンを使っていると、古いバージョンを使っている人だけ `apply` できない、ということが発生します。

　また、個人で複数プロジェクトを担当する場合においてもバージョン管理は重要になります。たとえば、新しいプロジェクトで最新Terraformを利用していく形にすると、プロジェクトごとに異なるバージョンのTerraformを保持しなければなりません。Terraformは基本的に後方互換を有していますが、メジャーバージョンアップで基本構文が大きく変わるケースもあります。

　そういった課題があるので、プロジェクトごとに何らかの形でTerraformのバージョンを明記し、Terraform自体も任意のタイミングでバージョンを切り替えてオペレーションしていく必要があります。

▌tfenvとは

　tfenvはTerraform本体のバージョン管理をするソフトウェアです。rubyのrbenvにインスパイアを受けて作成されています。tfenvを使うことで、CLI上で実行するTerraformのバージョンを切り替えることができるので、前述の課題の解決策となり得ます。

- tfutils/tfenv
  URL https://github.com/tfutils/tfenv

tfenvの主要な機能は次の通りです。

- 複数バージョンのTerraformバイナリの管理
- コマンドベースでのTerraformバージョンの切り替え
- 「.terraform-version」ファイルによるディレクトリ内での優先利用設定

　tfenvはmacOS、Linuxで動作します。Windowsに関してはGit Bashで動作しますが、安定動作は保証されていません。Windowsで動かしたい場合はWSL（Windows Subsystem for Linux）を使い、Linuxを通しての利用を推奨します。

▐ tfenvのインストール方法

本書ではmacOSでHomebrewを使用したインストール方法とLinuxへのインストール方法を紹介します。

▶ macOSの場合

先にHomebrewをインストールしている必要があります。Homebrewはターミナル上で次のコマンドを実行することでインストールできます。

```
$ /bin/bash -c \
    "$(curl -fsSL https://raw.githubusercontent.com/Homebrew/install/master/install.sh)"
```

なお、バージョンによりインストール方法が変更されている場合があるため、正式なインストール方法については下記の公式サイトを確認してください。

- The Missing Package Manager for macOS(or Linux) — Homebrew
  URL https://brew.sh/

Homebrewがインストールされたら **brew** コマンドでtfenvをインストールすることができます。**brew** コマンドでインストールされたコマンドは **/usr/local/Cellar** ディレクトリ配下へ配置され、**/usr/local/bin** にシンボリックリンクが張られます。そのため、**/usr/local/bin** へPATHを通しておくことを推奨します。

```
$ brew install tfenv
```

インストールされたことを確認するため、**tfenv -v** でバージョンを確認します。

```
$ tfenv -v
tfenv 2.0.0-37-g0494129
```

▶ Linuxの場合

GitHubリポジトリからtfenvバイナリファイルをクローンし、パスを通すことでインストールできます。以降でインストール例を説明します。

まず、GitHubリポジトリを任意のディレクトリにクローンします。ここではホームディレクトリ配下（ ~/ ）に .tfenv としてクローンします。

```
$ git clone https://github.com/tfutils/tfenv.git ~/.tfenv
```

~/.tfenv にパスを通すため、次のコマンドで **~/.bash_profile** に **export** コマンドを追記します。

```
$ echo 'export PATH="$HOME/.tfenv/bin:$PATH"' >> ~/.bash_profile
$ source ~/.bash_profile
```

インストールされたことを確認するため、**tfenv -v** でバージョンを確認します。

```
$ tfenv -v
tfenv 2.0.0-37-g0494129
```

tfenvでTerraformをインストールする

tfenvを使って指定したバージョンのTerraformをインストールしてみましょう。まずは **tfenv list-remote** コマンドで利用可能なTerraformバージョンの一覧を表示します。

```
$ tfenv list-remote
1.1.0-beta2
1.1.0-beta1
1.0.11
1.0.10
...
0.15.5
0.15.4
0.15.3
0.15.2
...
```

Terraformのインストールは、**tfenv install** コマンドで行います。 **tfenv list-remote** コマンドで表示されるバージョンを **tfenv install <バージョン>** のように指定します。下記はバージョン1.0.11をインストールする場合のコマンドとその実行結果です。

```
$ tfenv install 1.0.11
Installing Terraform v1.0.11
Downloading release tarball from https://releases.hashicorp.com/terraform/1.0.11/
terraform_1.0.11_darwin_amd64.zip
##################################################################### 100.0%
Downloading SHA hash file from https://releases.hashicorp.com/terraform/1.0.11/
terraform_1.0.11_SHA256SUMS
No keybase install found, skipping OpenPGP signature verification
Archive:  tfenv_download.YD0wjZ/terraform_1.0.11_darwin_amd64.zip
  inflating: /usr/local/Cellar/tfenv/2.2.2/versions/1.0.11/terraform
Installation of terraform v1.0.11 successful. To make this your default version, run
'tfenv use 1.0.11'
```

最新バージョンを利用する場合は **latest** を指定することでもインストールができます。

```
$ tfenv install latest
```

また、メジャーバージョンの中での最新版をインストールしたい場合は **latest:^<メジャーバージョン>** と指定します。下記はバージョン0.15の最新版をインストールするコマンドです。

```
$ tfenv install latest:^0.15
```

インストールしたTerraformのバージョンを削除するときは **tfenv uninstall** コマンドを使います。 **tfenv install** コマンドと同様にバージョンを指定します。下記はバージョン1.0.11を削除する場合のコマンドと実行結果です。

```
$ tfenv uninstall 1.0.11
Uninstall Terraform v1.0.11
Terraform v1.0.11 is successfully uninstalled
```

Terraformのバージョンを変更する

インストールしたTerraformのバージョン一覧は **tfenv list** コマンドで確認できます。下記に実行結果の例を示します。 **＊** が付いているのが現在利用しているバージョンです。

```
$ tfenv list
* 1.0.11 (set by /usr/local/Cellar/tfenv/2.2.2/version)
  1.0.10
  0.15.5
  0.12.31
  0.12.24
```

利用するバージョンを切り替えるのは **tfenv use** コマンドです。下記はバージョン0.12.31からバージョン0.15.5に切り替える場合のコマンド例です。

●現在利用中のバージョンを確認する

```
$ tfenv list
  1.0.11
  1.0.10
  0.15.5
* 0.12.31 (set by /usr/local/Cellar/tfenv/2.2.2/version)
  0.12.24

$ terraform version
Terraform v0.12.31

Your version of Terraform is out of date! The latest version
is 1.0.11. You can update by downloading from https://www.terraform.io/downloads.html
```

●「tfenv use」コマンドでバージョンを切り替える

```
$ tfenv use 0.15.5
Switching default version to v0.15.5
Switching completed
```

07

Tips

●バージョンが切り替わったことを確認する

```
$ tfenv list
  1.0.11
  1.0.10
* 0.15.5 (set by /usr/local/Cellar/tfenv/2.2.2/version)
  0.12.31
  0.12.24

$ terraform version
Terraform v0.15.5
```

▐▐▐ 「.terraform-version」ファイルでディレクトリごとにバージョンを切り替える

tfenvを使ってる状態であれば、バージョン名を記した `.terraform-version` ファイルを置くだけで配下のディレクトリでTerraformのCLIバージョンを指定できるようになります。`.terraform-version` はプロジェクトのルートディレクトリやホームディレクトリなど任意の場所に配置しても機能します。プロジェクトを横断するときにディレクトリ移動するだけでバージョンを切り替えられるようになります。

tfenvを利用する最大のモチベーションともいえる機能なので、積極的に利用していきましょう。

▶ ディレクトリ移動でTerraformのバージョンが切り替わることを確認する

例として下記の構造のディレクトリを移動し、各ディレクトリでどのバージョンが利用できるか確認してみます。

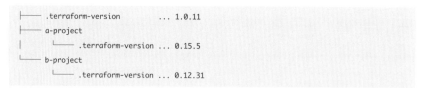

●ディレクトリルートでの確認

```
$ cat .terraform-version
1.0.11
$ terraform version
Terraform v1.0.11
```

●「a-project」ディレクトリでの確認

```
$ cd a-project
$ cat .terraform-version
0.15.5

$ terraform version
Terraform v0.15.5
on darwin_amd64
```

● 「b-project」ディレクトリでの確認

```
$ cd ../b-project
$ cat .terraform-version
0.12.31

$ terraform version
Terraform v0.12.31

Your version of Terraform is out of date! The latest version
is 1.0.11. You can update by downloading from https://www.terraform.io/downloads.html
```

ディレクトリごとに異なるバージョンでTerraformが使えることが確認できました。

▶ 必要バージョンのインストール

.terraform-version ファイルが存在する場所で引数なしで tfenv install コマンドを実行すると、自動的に必要なバージョンがインストールされます。たとえば、前任者が利用していたバージョンに合わせるケースで使われます。

下記は未インストールのバージョン1.0.0が .terraform-version に記載されていた場合のコマンドの実行結果です。

```
$ cat .terraform-version
1.0.0

$ tfenv install
Installing Terraform v1.0.0
Downloading release tarball from https://releases.hashicorp.com/terraform/1.0.0/
terraform_1.0.0_darwin_amd64.zip
################################################################## 100.0%
Downloading SHA hash file from https://releases.hashicorp.com/terraform/1.0.0/
terraform_1.0.0_SHA256SUMS
No keybase install found, skipping OpenPGP signature verification
Archive:  tfenv_download.CfwIiO/terraform_1.0.0_darwin_amd64.zip
  inflating: /usr/local/Cellar/tfenv/2.2.2/versions/1.0.0/terraform
Installation of terraform v1.0.0 successful. To make this your default version, run
'tfenv use 1.0.0'
```

▌▌▌まとめ

tfenvはterraformのバージョン切り替えを容易にします。特にチームでTerraformを利用している場合に利点が多く、他の人がTerraformに手を付けるまでの時間を短縮できます。

tfenvの利用を必須とした上で、プロジェクトルートに .terraform-version を記載してコミットしておくことを推奨します。

07

Tips

direnvを利用したプロジェクト隔離

direnvを使用することでTerraformのバイナリをプロジェクトディレクトリごとに切り替えたり、環境変数を一時的に変更することが可能になります。その機能を利用してTerraformのプロバイダ定義にキーを記載しないようにするともできます。

III direnvとは

direnvは主にLinux/macOSで利用が可能なツールで、シェルのフック機能を利用して特定ディレクトリに移動した際、設定ファイルに記載された環境変数を一時的に設定できるプログラムです。

さらにプロジェクトディレクトリから抜けた際はdirenvによって設定された環境変数は破棄されるため、別のプロジェクトへ影響を及ぼしません。

この機能によりプロジェクトごとに異なる環境変数が設定された状態にすることができ、手動での環境変数の設定も不要になります。

III direnvのインストール方法

インストールの方法はいろいろとあります。

URL https://github.com/direnv/direnv/blob/master/docs/installation.md

本書ではmacOSでHomebrewを使用したインストール方法とUbuntuでのインストールを記載します。WindowsではGit Bashなどの環境で利用することが可能ですが、内部的にはUbuntuが実行されているWSL（Windows Subsystem for Linux）を利用することをおすすめします。

▶macOSの場合

前節のtfenvと同様、Homebrewでインストールします。次のコマンドでインストールできます。

```
$ brew install direnv
```

▶Ubuntu/WSLの場合

Ubuntu/WSLではパッケージマネージャーに登録されているため、**apt** コマンドでインストールすることが可能となっています。

```
$ sudo apt install direnv
```

フックの設定

direnvをインストールしたのちディレクトリ移動した際、自動的にdirenvを実行するため、シェルにフックを指定する必要があります。

ここでは、bashでの例を記載しますが、他にもzshやfishにも対応しているので公式Gitリポジトリにある下記のドキュメントを確認してください。

URL https://github.com/direnv/direnv/blob/master/docs/hook.md

▶「.bashrc」の編集

~/.bashrc などに下記の行を挿入して、bashを再読込することでdirenvが利用できます。

```
eval "$(direnv hook bash)"
```

「.envrc」の作成

direnvを利用できる状態になったら、設定を行いたいディレクトリに .envrc ファイルを作成します。direnvにて設定したい環境変数を記載することで、.envrc が存在するディレクトリ以下でのみ設定が有効となります。

ここではTerraformのバイナリへPATHを通しつつ、AWSのプロファイルを指定するよう定義していきます。

SAMPLE CODE 「.envrc」ファイル

```
#==============================================
# プロジェクトに関連する環境変数の定義
export PROJECT_ROOT=`pwd`


#==============================================
# PATHの追加
#----------------------------------------------
# 実行ファイル配置場所をPATHに追加
PATH_add ${PROJECT_ROOT}/.vendor/bin


#==============================================
# AWSキーを設定する
#----------------------------------------------
# AWSのクレデンシャルを読み込み
export AWS_DEFAULT_PROFILE=default
export AWS_DEFAULT_REGION=ap-northeast-1

export AWS_PROFILE=$AWS_DEFAULT_PROFILE
export AWS_REGION=$AWS_DEFAULT_REGION
export AWS_SDK_LOAD_CONFIG=1
```

前ページの `.envrc` の設定は次の設定が行われるようになっています。
- ファイルが配置されているディレクトリを取得する
- カレントディレクトリ配下の「.vendor/bin」ディレクトリへPATHを通す
- AWSのクレデンシャル情報を環境変数に設定する
- AWS SDKの環境変数読み込み機能を有効化する

上記の設定を行った上で `.vendor/bin` 配下にTerraformのバイナリを配置します。
Gitなどで共有すると複数のユーザー環境で同一バージョンのTerraformが配布されます。そのため、各ユーザーでTerraformのインストール作業を行わずに利用が可能です。
ここまで設定したらシェルで設定したディレクトリに入ってみましょう。するとエラーが発生します。

```
$ cd ~/project
direnv: error .envrc is blocked. Run `direnv allow` to approve its content.
```

これは意図しない変更がされた設定やディレクトリでの実行がされないようになっているからです。direnvを実行したい場合は対象のディレクトリで明示的に許可を出す必要があります。
エラーメッセージの内容通り、`direnv allow` を実行することでそのディレクトリより下位でのdirenv実行が許可されます。これは `.envrc` ファイルに更新があるたびに行う必要があります。

```
$ cd ~/project
direnv: error .envrc is blocked. Run `direnv allow` to approve its content.

$ direnv allow
direnv: loading .envrc
direnv: export +AWS_DEFAULT_PROFILE +AWS_DEFAULT_REGION +AWS_PROFILE +AWS_REGION +AWS_
SDK_LOAD_CONFIG +PROJECT_ROOT ~PATH

$ which terraform
/Users/xxxxxx/project/.vendor/bin/terraform
```

■ 複数の環境に対応させる

ここまでの設定で動作するようになっていますが、同一チームでmacOSとLinuxの両方のユーザーがいると、どうなるでしょうか。
答えは簡単で、macOSとLinuxのバイナリ形式が異なるため、最初に準備した以外のOS環境で実行することができません。
チーム全員でOSが統一されている場合なら設定を行う必要はありませんが、macOSで実行していた環境をDocker上で実行することになったなどに備えて設定しておくと便利でしょう。
direnvではbashで評価されるため、シェルスクリプトを実行させることが可能です。それを利用し、macOSで実行している場合はmacOS用のバイナリを、Linuxで実行している場合はLinux用のバイナリを使用するように設定してみます。

準備として .vendor/bin にmacOSディレクトリとLinuxディレクトリを作成し、各ディレクトリ配下に各OS用のTerraformを配置しておきましょう。

SAMPLE CODE 「.envrc」ファイル（変更）

```
#=================================================
# PATHの追加
#-------------------------------------------------
# 実行ファイル配置場所をPATHに追加
if [ "$(uname)" == 'Darwin' ]; then
    PATH_add ${PROJECT_ROOT}/.vendor/bin/macOS
elif [ "$(expr substr $(uname -s) 1 5)" == 'Linux' ]; then
    PATH_add ${PROJECT_ROOT}/.vendor/bin/Linux
fi
```

上記は uname コマンドの結果を確認し、取得できた値に応じてPATHに追加するディレクトリを切り替えています。

「.envrc」を分割する

ここまでの例ではAWSのプロファイル名を指定していますが、クレデンシャル情報を直接指定することも可能です。ただし、直接クレデンシャル情報を指定することはキーの漏えいリスクがあるため推奨できません。

しかし、AWS以外のプロバイダを使用する際にどうしてもクレデンシャル情報を直接記載する必要があります。

その場合、インターネット上では .envrc をリポジトリに登録しない、git-secretsを利用してクレデンシャル情報を含んだ情報をコミットさせないなどの対策が記載されています。しかし、そうすると設定情報が共有できなくなり、direnvを利用するメリットが少なくなってしまいます。

そこでオープンにしても問題のない情報と隠しておきたい情報を分割することで秘匿情報はGit以外の方法で共有しつつ、共通のPATH設定情報はGitで共有できるように設定を変更していきます。

▶ 秘匿情報を含んだ設定ファイルを共有させない

先に不要な設定ファイルをGitで共有させないように、.gitignore に設定をしておきます。これにより秘匿情報を追加したいときにあまり考えないで追加できるようにします。

例として、.envrc は公開情報のみを記載し、.envrc_* に秘匿情報を含むファイル構成にします。この場合、.envrc はコミット可能、.envrc_* をコミット不可とするので .gitignore に下記の内容を追記します。

```
!.envrc
.envrc_*
```

合わせて誤って .envrc に秘匿情報を記載してしまったときのことを踏まえてgit-secretsのインストール・設定を行うことを推奨します。git-secretsについて173ページを参照してください。

▶ 設定ファイルを分割する

これで準備が整ったので実際に設定ファイルを分割していきます。

direnvではbash形式の記載方法以外に組み込みの間数を使用することができます。詳しくは下記の公式のドキュメントを参照してください。

URL https://github.com/direnv/direnv/blob/master/man/direnv-stdlib.1.md

今回は `source_env` 関数を使用します。この関数は別の設定ファイルを読み込んで反映させる関数となっており、`source_env` 関数は指定した設定ファイルを読み込む事ができます。

下記の例では、`.envrc_aws` にクレデンシャル情報を記載し、それを同一ディレクトリの `.envrc` から読み込みます。

SAMPLE CODE 「.envrc」ファイル

```
#========================================================
# プロジェクトに関連する環境変数の定義
export PROJECT_ROOT=`pwd`


#========================================================
# PATHの追加
#--------------------------------------------------------
# 実行ファイル配置場所をPATHに追加
if [ "$(uname)" == 'Darwin' ]; then
    PATH_add ${PROJECT_ROOT}/.vendor/bin/macos
elif [ "$(expr substr $(uname -s) 1 5)" == 'Linux' ]; then
    PATH_add ${PROJECT_ROOT}/.vendor/bin/linux
fi

# AWSのクレデンシャル情報を設定
if [ -f "${PROJECT_ROOT}/.envrc_aws" ]; then
    source_env ${PROJECT_ROOT}/.envrc_aws
fi
```

SAMPLE CODE 「.envrc_aws」ファイル

```
#========================================================
# AWSキーを設定する
#--------------------------------------------------------
export AWS_DEFAULT_REGION=ap-northeast-1

export AWS_ACCESS_KEY_ID=xxxxxxxxxxxxxxxxxxxx
export AWS_SECRET_ACCESS_KEY=xxxxxxxxxxxxxxxxxxxxxxxxxxxxxxxxxxxxxxxx

export AWS_REGION=$AWS_DEFAULT_REGION
export AWS_SDK_LOAD_CONFIG=1
```

上記の状態でdirenvが実行されると、`.envrc` とともに `.envrc_aws` が読み込まれます。

```
$ cd ~/project
direnv: loading .envrc
direnv: loading ~/project/.envrc_aws
direnv: export +AWS_DEFAULT_REGION +AWS_ACCESS_KEY_ID +AWS_SECRET_ACCESS_KEY +AWS_REGION
+AWS_SDK_LOAD_CONFIG +PROJECT_ROOT ~PATH
```

他に環境変数でクレデンシャル情報を設定する必要がある場合は `.envrc_*` を作成し、合わせて `.envrc` へ読み込みの定義を記載することでさらに追加が可能です。

例としてDatadog用の定義を追加してみます。

SAMPLE CODE 「.envrc」ファイル（追記）

```
# Datadogのクレデンシャル情報を設定
if [ -f "${PROJECT_ROOT}/.envrc_datadog" ]; then
    source_env ${PROJECT_ROOT}/.envrc_datadog
fi
```

SAMPLE CODE 「.envrc_datadog」ファイル

```
#================================================
# DatadogのAPIキーを設定する
#------------------------------------------------
export DATADOG_API_KEY=xxxxxxxxxxxxxxxxxxxxxxxxxxxxxxxx
export DATADOG_APP_KEY=xxxxxxxxxxxxxxxxxxxxxxxxxxxxxxxxxxxxxxxx
```

07
Tips

161

機密情報の管理

Terraformはインフラストラクチャを構築管理するため、AWSのCredentials（認証情報）やデータベースのパスワード、各種秘密鍵情報など、機密情報を取り扱うことが多いです。本節ではセキュリティ対策として機密情報の取り扱い方法を紹介します。

||| 機密情報に対する考え方

たとえば、機密情報の1つであるAWSのCredential情報をGitで平文のままコミットしていたとしましょう。その状態で誤ってGitHubのpublicリポジトリにpushしてしまうと、AWSサービスを作成できる権限を第三者に渡してしまうことになります。インターネットは不用意なユーザーから機密情報を奪おうとするクローラーが存在している世界です。仮にGitHubなどで公開してしまうと30分と経たずに情報を取得されます。漏洩してしまった場合、大きなインパクトあるセキュリティインシデントへ発展します。

基本的にTerraformに管理者に等しい権限を与えることになるため、AWSのCredentials情報が漏洩した場合の被害は甚大です。単に異常な金額を請求されるという話だけでなく、データベースへのアクセス権も渡してしまうことになり得ます。自分達だけではなく、エンドユーザーの個人情報漏洩にも発展する可能性があります。

会社の信頼損失など経営にも影響する大きなリスクをはらんでいるので、機密情報は適切に管理していくことが重要です。重要な機密情報を扱っているという意識を持って管理していきましょう。

また、情報の取り扱い方は情報に触れる人間によって異なるため、情報漏洩を100%防ぐことはほぼ不可能です。100%防げないことを念頭に、情報漏洩時のリスクを最小化する方法を考えて行きましょう。

||| 機密情報の平文コミットを避ける

Gitなどのバージョン管理システムにコミットするデータは複数名で共有するため、漏洩する可能性が高いものとなります。万が一、漏洩した場合に被害が最小限になるように `*.tf` ファイルなどに機密情報を直接書くことは避けた方がいいでしょう。

Gitではバージョン管理する都合上、過去コードをすべて保持しています。コミット履歴に残ってしまうと削除しても後で復元が可能になるため、あらかじめコミットしないことが重要です。たとえば、1年前に誤ってコミットしていてあとで気付いたような場合、取り除くには過去の履歴を消すためにリポジトリを改めるなどの対応が必要になります。リポジトリによって異なりますが、大掛かりな業務調整が必要になることもあり得るでしょう。

機密情報の直接コミットは可能な限り避けることをおすすめします。

▶ コミットを除外する方法

コミットを避けるアプローチをいくつか紹介します。

基本的な考え方としては次のようなやり方になります。

- 「*.tf」ファイルは必ずコミット
- 何かしらの方法で「*.tf」ファイルの外に機密情報を切り出す
- 切り出したファイルをコミット対象から除外する

▶ tfvarsファイルに変数を切り出す

Terraformではvariableで定義した変数を別ファイルに切り出すことが可能です。
DBパスワードを変数に与えるケースを想定してサンプルを記載します。

`password.tf` に下記を記載します。

SAMPLE CODE password.tf
```
variable "password" {
  type    = string
  default = ""
}
```

`terraform.tfvars` には下記を記載します(ここで例として記載している「1234567890」はあくまで例として記載しています。実際のパスワードには利用しないようにしてください)。

SAMPLE CODE terraform.tfvars
```
password = "1234567890"
```

では、`terraform console` を使って確認してみましょう。

```
$ terraform console
> var.password
"1234567890"
```

変数の切り出しに成功しています。

Terraformは実行する際に `terraform.tfvars` 、または `*.auto.tfvars` のsuffixのファイルが自動的に読み込まれます。defaultとして設定する値よりも読み込まれた値が優先されます。

環境ごとに `dev.auto.tfvars` 、`prod.auto.tfvars` など、任意のファイル名に分けて管理する形でもよいでしょう。

このように書く場合は `terraform.tfvars` をコミットしないように `.gitignore` に追記しましょう。 `.gitignore` については、後ほど自動生成ツールなど踏まえて設定方法を紹介いたします。

▶ 環境変数を使う

tfvars ファイルに切り出す方法と似ていますが、環境変数を使って切り出す方法もあります。**password.tf** に下記を記載します。

SAMPLE CODE password.tf

```
variable "db_password" {
  type    = string
  default = ""
}
```

次にbashなどのターミナル上で **export** を使って環境変数に追加します。

```
$ export TF_VAR_db_password="111111111"
```

terraform console を使って確認してみましょう。

```
$ terraform console
> var.db_password
"111111111"
```

環境変数に切り出すことに成功しました。

TF_VAR_ というprefixが付く環境変数であればTerraformの変数として扱われます。

環境変数に書く場合は前述のdirenvを組み合わせると機密情報の設定が省けてよいでしょう。その場合は **.envrc** ファイルをコミットしないように注意しましょう。

▶ DBパスワードの管理方法

AWSのRDSは構築時にmaster passwordを必ず設定する必要があります。先に述べたvarsの切り出しや環境変数を利用することで、コミットを避けた形でパスワードを設定できるため、RDSの構築が少し安全にできるようになります。しかし、機密情報を外に出したりする機会は可能な限り減らしたいものです。

DBパスワードを手軽で安全に管理する方法として、パスワード生成ProviderとSSM Parameter Storeを利用する方法があるので紹介します。

例としては次のようになります。

```
resource "random_password" "master_password" {
  length           = 16
  special          = true
  override_special = "_%@"
}

resource "aws_db_instance" "mysql_example" {
  instance_class    = "db.t3.micro"
  allocated_storage = 10
  engine            = "mysql"
  username          = "root"
```

▼

```
  password           = random_password.password.result                    ▼
}

resource "aws_ssm_parameter" "master_password" {
  name        = "/example/database/master/password"
  description = "The parameter description"
  type        = "SecureString"
  value       = random_password.master_password.result
}
```

上記では次の内容を実施しています。

- random_passwordリソースでパスワードのランダム生成
- db_instance作成時にパスワードをセット
- SSM Parameter Storeに生成したパスワードをセット

　パスワード文字列はParameter Storeに格納されているため、AWSのマネジメントコンソールにログインしてSSMのパラメータストアを確認すれば確認することができます。センシティブなデータをメールなどで生テキストで共有せず、配置先を教える形で共有すると安全に管理できるでしょう。

▶ AWS Credentialsの管理

　先に述べた通り、極めて機密性の高いデータです。基本的にはコミットしないことが好ましいです。

　AWSに対する操作権限をTerraformに与えることになるためDBパスワードなど、Terraform内で取り扱うデータとは用法が異なります。具体的には次節で紹介します。

▶ gitのコミット回避策

　gitにはコミット対象から除外するファイルを定義できる .gitignore があります。 .gitignore に記載したファイルは、自動的に新規コミット対象外となります。

　基本的には .gitignore で回避できますが、拡張ツールで機密情報をコミットさせない方法もあります。具体的な対策は170ページで紹介します。

▌▌▌ tfstateの管理

　Terraformを使用して機密性の高いデータを管理する場合、Terraformのstateも機密データとして扱う必要があります。 `tfstate` ファイルの実体は平文のJSONファイルです。たとえば、RDSのmasterパスワードをTerraformで記載している場合、`tfstate` にも平文でパスワード文字列が保持されています。 `tfstate` の暗号化や置く場所の管理はユーザー側で設定する必要があるため、注意が必要です。

　一般的な管理方法としては次の2つがあります。

- Terraform Cloudを利用する
- S3バックエンドを使ってstateを格納し、S3バケットに対してサーバーサイド暗号化を設定する

　Terraform Cloudでは常にstateを暗号化しており、転送中の通信もhttps（TLS）で保護されるため安全に管理できます。

　S3は暗号化オプションを有効化する必要があるので注意しましょう。設定例はCHAPTER 04で触れているため、割愛いたします。

AWS Credentialsの取り扱い

　AWS Credentialsは極めて機密性の高いデータですが、適切に設定すれば安全に利用できます。ここでは安全な管理のヒントを紹介します。

▌▌▌ハードコーディングを避ける
　先ず触れるのは悪い例となります。
　AWSの環境構築としてTerraformのコードを書き始めるときに、AWS Providerブロックに `access_key` と `secret_key` をインラインで追加することでAWS環境に適用できるようになります。

```
provider "aws" {
  region     = "ap-northeast-1"
  access_key = "my-access-key"
  secret_key = "my-secret-key"
}
```

　しかし、ハードコードされたこのファイルがバージョン管理システムにコミットされた場合、情報漏洩のリスクが高まります。この書き方は可能な限り避けた方がよいでしょう。

▌▌▌名前付きプロファイルを使う
　必ずしも良い例とはいえませんが、取れる手の1つを紹介します。AWS Providerブロックにプロファイルが記載されてたファイル名を記載する方法があります。

```
provider "aws" {
  region                  = "ap-northeast-1"
  shared_credentials_file = "/Users/tf_user/.aws/credentials"
  profile                 = "customprofile"
}
```

　任意のファイルが指定できるので、バージョン管理システム下に置かないように注意が必要です。

▌▌▌環境変数を使う
　TerraformはAWS CLI同様の環境変数を定義することで認証情報をセットできます。

```
$ export AWS_ACCESS_KEY_ID="anaccesskey"
$ export AWS_SECRET_ACCESS_KEY="asecretkey"
$ export AWS_DEFAULT_REGION="ap-northeast-1"
$ terraform plan
```

こういった環境変数への設定はdirenvを使ってセットする方法が一般的です。

direnvを使う場合、`.envrc` ファイルに平文保持されるため、別途、`.gitignore` を設定する必要があるので注意が必要です。 `.gitignore` の設定については170ページを参照してください。

||| AssumeRoleした権限で実行する

マネジメントコンソールやAWS CLIを実行するときに既存の認証情報から別のIAM Roleが持つ認証情報に切り替えるスイッチロール機能が利用できます。IAM Userの管理者とIAM Role管理者を別に切り出すことができるため、組織をまたいで管理者を分離し、組織ごとに自治管理する方針で活用されているケースが多いと思います。

Terraformでスイッチロールと同等のことをするにはAWSプロバイダー内にAssumeRole設定を記載する必要があります。

下記の例では次の流れでTerraformに認証情報を設定する方法を示しています。

■AWSアカウントAのIAM User認証情報を利用

■AWSアカウントB内のロールに切り替えてtfコードの中身を実行

前提条件は次の通りです。

● AssumeRoleする対象(例:account_b)のIAM Roleを作成してある

● 対象IAM Roleに対してsts:AssumeRoleする権限を持ったIAM User(例:account_a profile)がある

Provider定義は次のようになります。

```
provider "aws" {
  region = "ap-northeast-1"
  shared_credentials_file = "/Users/tf_user/.aws/credentials"
  profile              = "account_a"

  assume_role {
    role_arn     = "arn:aws:iam::1234567890:role/account_b"
    #external_id = "my_external_id"
  }
}
```

仮にAssume Roleの指定に間違いがあると、次のようなエラーが表示されます。

```
| Error: error configuring Terraform AWS Provider: IAM Role
(arn:aws:iam::393523547715:role/OrganizationAccountAccessRol) cannot be assumed.
|
| There are a number of possible causes of this - the most common are:
|   * The credentials used in order to assume the role are invalid
|   * The credentials do not have appropriate permission to assume the role
|
```

```
|    * The role ARN is not valid
|
| Error: NoCredentialProviders: no valid providers in chain. Deprecated.
|        For verbose messaging see aws.Config.CredentialsChainVerboseErrors
```

エラーになった場合は前提条件として記載したIAM User、IAM Roleの双方の設定を確認し、AWS CLIやマネジメントコンソールなどで委任できるかどうか改めて確認してからTerraformの実行を試すとよいでしょう。

展開先アカウントの間違いを防ぐ

AWSアカウントを複数管理している場合は、認証情報を間違えてしまうこともあるでしょう。そうしたトラブルについては、AWS Providerの設定で指定したAWSアカウントのみに絞ることで備えることも可能です。

`allowed_account_ids` は許可リストで、指定したAWSアカウントIDのみ展開することができます。

```
provider "aws" {
  region = "ap-northeast-1"
  allowed_account_ids = [
    "1234567890",
  ]
}
```

`forbidden_account_ids` には展開を禁止するAWSアカウントIDを指定します。

```
provider "aws" {
  region = "ap-northeast-1"
  forbidden_account_ids = [
    "1234567890",
  ]
}
```

許可されていないAWSアカウントに対して操作した場合、Terraformの **plan** 、**apply** などを実行すると次のようなエラーが出力されるため、事故を未然に防ぐことが可能です。

●allowed_account_idsにない場合
```
Error: AWS Account ID not allowed: 1234567890
```

●forbidden_account_idsにある場合
```
Error: Forbidden AWS Account ID: 1234567890
```

Git管理のTips

本節ではコード管理としてGitを用いる場合に使えるTipsを説明します。機密情報管理の盲点になりやすいポイントや対策について記載します。参考にしていただければ幸いです。

▌「.envrc」に機密情報を直接記載することを避ける

direnvを利用している場合、下記のように `.envrc` にアクセスキーおよびシークレットアクセスキーを記載することができます。

```
export AWS_ACCESS_KEY_ID=AKIXXXXXXXXXXXXXXXXXXXXXXXX
export AWS_SECRET_ACCESS_KEY=XXXXXXXXXXXXXXXXXXXXXXXXXXXXXXXXX
export AWS_DEFAULT_REGION=ap-northeast-1
```

この状態の `.envrc` をコミットすると、漏洩リスクが格段に上昇します。

こういった形でアクセスキーを記載する場合は後述する `.gitignore` やgit-secretsを使うことによってコミットしないようにしましょう。

▌「.gitignore」設定方法

`.envrc` に機密情報を記載するのであれば、必ず `.gitignore` に `.envrc` を記載しましょう。

記載方法は次の通りです。ファイル名をそのまま記載してください。

SAMPLE CODE 「.gitignore」ファイル

```
.envrc
```

また、全ディレクトリに適用する `.gitignore_global` に追記するのも1つの手です。

```
$ touch ~/.gitignore_global
$ git config --global core.excludesfile ~/.gitignore_global
```

ただし、この場合は自分の端末だけの設定です。別途、関係者全員に啓蒙していく必要があります。

リポジトリごとに `.gitignore` を定義しておくと他の人のためにもなるので、なるべくリポジトリ単位で `.gitignore` を記載する方法をおすすめします。

▌「.gitignore」自動生成ツール

`.gitignore` を自動生成してくれるツールはいくつかありますが、gitignore.ioの利用をおすすめします。

- gitignore.io

  URL https://www.toptal.com/developers/gitignore

● gitignore.io

gitignore.ioは言語環境や利用ツールを入力すると `.gitignore` に記載できるテキストを生成してくれるWebサイトです。使用するツールや言語環境を把握し、なるべく `.gitignore` を記載していきましょう。

たとえばgitignore.ioで `terraform` 、`direnv` と入力すると、次のように `.gitignore` に直接、転記できる形でテキストを生成してくれます。

```
# Created by https://www.toptal.com/developers/gitignore/api/terraform,direnv
# Edit at https://www.toptal.com/developers/gitignore?templates=terraform,direnv

### direnv ###
.direnv
.envrc

### Terraform ###
# Local .terraform directories
**/.terraform/*

# .tfstate files
*.tfstate
*.tfstate.*

# Crash log files
crash.log

# Exclude all .tfvars files, which are likely to contain sentitive data, such as
# password, private keys, and other secrets. These should not be part of version
# control as they are data points which are potentially sensitive and subject
# to change depending on the environment.
#
*.tfvars
```

07
Tips

171

```
# Ignore override files as they are usually used to override resources locally and so    ▼
# are not checked in
override.tf
override.tf.json
*_override.tf
*_override.tf.json

# Include override files you do wish to add to version control using negated pattern
# !example_override.tf

# Include tfplan files to ignore the plan output of command: terraform plan -out=tfplan
# example: *tfplan*

# Ignore CLI configuration files
.terraformrc
terraform.rc

# End of https://www.toptal.com/developers/gitignore/api/terraform,direnv
```

基本的には各ツールのバージョンアップにも追従しているため、バージョンを改めるたびに確認することをおすすめします。プロジェクトのルートか、Terraformのコードを格納するディレクトリ最上位の `.gitignore` に記載しましょう。

■ 「.envrc」にProfileのみを記載する

`.envrc` に機密情報を含めないことも1つの手です。アクセスキー、シークレットアクセスキーを直接、記載せず、AWS CLIで利用できるプロファイル情報のみ記載する方法があります。
`.envrc` に次のように記載します。

SAMPLE CODE 「.envrc」ファイル

```
export AWS_PROFILE=account_a
```

アクセスキーおよびシークレットアクセスキーは下記のように `~/.aws/credentials` に記載します。

SAMPLE CODE 「~/.aws/credentials」ファイル

```
plaintext:~/.aws/credentials
[account_a]
aws_access_key_id = AKIXXXXXXXXXXXXXXXXXXXXXXXX
aws_secret_access_key = XXXXXXXXXXXXXXXXXXXXXXXXXXXXXX
```

`~/.aws/` ディレクトリは特に何もしてなければGit管理外になるので、誤ってコミットするような事故を防げます。

III git-secretsによる水際対策

`.gitignore` を適切に設定するだけでもある程度の防御策になりますが、機密情報は単なるテキストに過ぎません。

テキスト管理は自由度が高いため、防御策として万全とはいえないのが実情です。もう1つの予防策としてAWSが提供している**git-secrets**を使うことを推奨します。

● awslabs/git-secrets

URL https://github.com/awslabs/git-secrets

端末ごとにgit-secretsをインストールして設定を施せば、`git commit` コマンド実行時に、アクセスキー/シークレットアクセスキー含まれているかチェックするように設定できます。

仮にアクセスキーが含まれている場合はエラーが出力され、コミットされなくなります。

Homebrewを利用し、次のコマンドでインストールします。

```
$ brew install git-secrets
```

git-secretsはgit hookを通じてコミット時に発火する仕組みです。使用するすべてのリポジトリにgit-secretsのgitフックを設定する必要があります。

次のコマンドで対象リポジトリをgit-secretsに対応させることができます。

```
$ cd /path/to/my/repository
$ git secrets --install
$ git secrets --register-aws
```

すべてのローカルリポジトリにフックを追加します。

```
$ git secrets --install ~/.git-templates/git-secrets
$ git config --global init.templateDir ~/.git-templates/git-secrets
```

将来、`git init`、`git clone` するときに自動的に導入するように、次の設定を入れておくとよいでしょう。

```
$ git secrets --register-aws --global
```

今の時点でのコミット履歴をスキャンするコマンドも用意されています。git-secrets導入直後やリリース前などに適宜スキャンするとよいでしょう。

```
$ git secrets --scan-history
```

07
Tips

最新情報のキャッチアップ

TerraformはGitHub上でオープンソースとして日々更新されています。進化し続けるクラウドやコンテナなど新しいインフラストラクチャの技術に追従しているため、全体的に更新頻度が高いです。

最新情報の調べ方を知っておくと、トラブル発生時の問題解決の糸口になるかもしれません。将来、管理方針が変更される可能性もありますが、2021年現在での情報の追い方について記載します。

Ⅲ Terraformの公式ドキュメント

Terraformは公式のドキュメントが大変、優れてます。更新頻度が高く、学習コンテンツも充実しています。

● Terraformの公式ドキュメント

URL https://www.terraform.io/intro/index.html

コードを書いていく中で行き詰まったり、わからなくなったときには闇雲にブログを調べるよりも公式ドキュメントを確認することをおすすめします。ドキュメントはすべて英語ですが、Webブラウザの機械翻訳だけで十分に理解できるような文章にまとまっています。

良く利用するドキュメント体系として大きく分類すると、次のようになっています。

```
Terraform
Terraform Registry
  ├Provider
  └Module
```

Ⅲ Terraform Registry

Terraform Registryは、ProviderやModuleを扱うHashiCorp社のプラットフォームです。ProviderやModuleを公開して配布する環境とドキュメントを整えられるものとなっています。

Terraformの1ユーザとして、ドキュメントや新しい情報を確認する際に活用できるので、積極的に利用していきましょう。

RegistryはGitHubリポジトリとも関連付けられているので、ソースコードを確認するときにも活用できます。

▶ Providerごとのドキュメント

Providerごとにドキュメントが分かれており、膨大な分量があります。少し特殊なProviderを利用する場合はProvider名で検索して見つけて行きましょう。

AWS Providerは利用ユーザーも多く、Terraform RegistryからProviderを選択して第一に見つけることができると思います。

- Providers
  URL https://registry.terraform.io/browse/providers

なお、AWS Providerの公式ドキュメントには有用なサンプルが多数、記載されています。リファレンスとしても優秀なので、AWSで構築する際に一番よく見るのはAWS Providerのドキュメントになるかもしれません。

Terraformのドキュメントを通じてAWSリソースの知られざる機能を知ることも少なくありません。はじめて触れるAWSリソースはProviderのドキュメントを必ずチェックすることをおすすめします。

▶ Moduleごとのドキュメント

Moduleは比較的自由な形で公開できるようになっているため、Providerとは体裁が少々異なります。

人気のあるモジュールは実際に有用なものが多くあるため、適宜、評価した上で利用するとよいでしょう。AWSのVPCモジュールやSecurityGroupモジュールは人気もあり、有用です。

サードパーティ性のModuleは注意深く評価した上で利用するようにしてください。

- Modules
  URL https://registry.terraform.io/browse/modules

GitHub

Terraform本体もそうですが、ProviderやModuleなどは基本的にGitHubで新機能の議論やバグが報告されています。

意図しない挙動が発覚した場合、GitHubを調べて既知の問題か確認することもできるので、トラブル時はドキュメントと合わせて適宜、チェックするとよいでしょう。

Terraform RegistryからGitHubにリンクされているため、Registry経由で探すと効率的です。

HashiCorpLean

HashiCorp社が提供してる学習コンテンツとしてTerraformのページがあります。

- Terraform Tutorials - HashiCorp Learn
  URL https://learn.hashicorp.com/terraform

本書で紹介しきれなかった内容も多数あるので確認してみることをおすすめします。

▌▌HashiCorp Blog

　最新リリース情報や新機能などは下記のBlogを通じて発信されています。RSSリーダーなどを利用して最新情報をチェックするとよいでしょう。

- ● HashiCorp Blog: Terraform

　　`URL` https://www.hashicorp.com/blog/products/terraform

INDEX

INDEX

INDEX

■著者紹介

茅根 涼平

AWSのプレミアコンサルティングパートナーであるアイレット株式会社(cloudpack)に新卒で2018年に入社する。AWSを利用したクラウドネイティブなインフラをお客様に提案、設計・構築・運用保守業務に従事し、これまでAWSの認定資格を7種類取得する。他に2019年新卒AWS研修をはじめ、トレーナーとしても社内で取り組んでいる。Terraformはバージョン0.11から触り、インフラのコード管理に素晴らしさを感じて、スケーラブルウェブサイト構築や、EKS環境の構築、監視設定など含め、ほぼすべての環境でInfrastructure as Code化し、プロビジョニングの高速化ができるように進めている。

土持 昌志

異業種からITエンジニアの世界に飛び込み、ヘルプデスク、運用エンジニアやプログラマを経験。開発したシステムのデプロイ先として利用していたAWSを含むクラウドに大きな可能性・将来性を感じ、クラウドインテグレーターであるアイレットに2016年中途入社。インフラエンジニアとして従事し、AWS GameDay優勝、APN AWS Top Engineersへの選出といった成果を残す。業務ではTerraformを積極的に活用し、Oracle Cloud Infrastructure(OCI)のようなAWS以外のIaaS構築にも取り組む。

古越 勇樹

ITエンジニアの派遣会社に新卒入社し、国内ECサイト事業者へ数年常駐。業務を通じてAWSを始めとするクラウドコンピューティング技術に魅力を感じ、2015年にアイレットに中途入社。同社の24時間365日の運用部隊(MSPチーム)を経て、インフラエンジニアとしてスマートフォン向けゲームの構築、運用保守を主に担当した。2020年に当時のAWS認定資格のすべて(12種)取得。現在はモビリティサービスの事業会社へ転籍し、SREとして従事している。2015年に初期のTerraformに触れて以来、最も好きなツールはTerraform。

矢澤 学

新卒で通信事業会社に入社し、法人向けネットワークサービスのSEとしてネットワーク機器の提案、設計、構築を行う。アイレットではインフラエンジニアとしてAWS、GCP環境の設計、構築、運用保守業務を経験する。ネットワークエンジニア時代にパラメーターシートによる構成管理に疑問を持っていたこともあり、クラウドサービスに触れたタイミングでInfrastructure as Codeの世界に興味を持ち、担当業務でTerraformの活用を進めている。現在はアプリケーションエンジニアとして自社サービスの開発業務に従事。AWS Professional認定2種、Google Cloud Professional認定3種を保有。

編集担当：吉成明久 / カバーデザイン ： 秋田勘助（オフィス・エドモント）
写真：©scanrail - stock.foto

●特典がいっぱいのWeb読者アンケートのお知らせ

　C&R研究所ではWeb読者アンケートを実施しています。アンケートに
お答えいただいた方の中から、抽選でステキなプレゼントが当たります。
詳しくは次のURLのトップページ左下のWeb読者アンケート専用バナー
をクリックし、アンケートページをご覧ください。

C&R研究所のホームページ　https://www.c-r.com/

携帯電話からのご応募は、右のQRコードをご利用ください。

基礎から学ぶ Terraform

2022年2月1日　　　初版発行

著　　者	茅根涼平、土持昌志、古越勇樹、矢澤学
発行者	池田武人
発行所	株式会社　シーアンドアール研究所 新潟県新潟市北区西名目所 4083-6（〒950-3122） 電話　025-259-4293　　FAX　025-258-2801
印刷所	株式会社　ルナテック

ISBN978-4-86354-324-9　C3055
©Ryohei Chinone, Masashi Tsuchimochi,
Yuki Furukoshi, Manabu Yazawa, 2022
Printed in Japan